Bidhan Roy

Biodiversidade das raças terrestres locais de arroz (Oryza sativa L.)

Bidhan Roy

Biodiversidade das raças terrestres locais de arroz (Oryza sativa L.)

ScienciaScripts

Imprint

Cover image: www.ingimage.com

This book is a translation from the original published under ISBN 978-620-2-05760-8.

Publisher:
Sciencia Scripts
is a trademark of
Dodo Books Indian Ocean Ltd. and OmniScriptum S.R.L publishing group

120 High Road, East Finchley, London, N2 9ED, United Kingdom
Str. Armeneasca 28/1, office 1, Chisinau MD-2012, Republic of Moldova, Europe
Printed at: see last page
ISBN: 978-620-7-79646-5

Dedicado ao meu patrono

Shri Samir Acharya

PREFÁCIO

O arroz é uma importante cultura alimentar do mundo em geral e da população asiática e africana em particular. É utilizado como cultura alimentar nos países asiáticos desde tempos imemoriais. Ao longo do cultivo desta cultura, a seleção da melhor (no que diz respeito ao rendimento e a algumas outras características especiais e utilizações especiais) o homem criou variabilidade no arroz, consciente ou inconscientemente. A natureza também criou variabilidade e tornou-o apto a resistir a diferentes stresses bióticos e abióticos. A Índia, em particular o leste e o nordeste da Índia, faz parte do centro secundário de origem do arroz. Nestas regiões, está a ser cultivado um grande número de cultivares locais de arroz.

No contexto da biodiversidade do arroz, com especial referência às cultivares locais, foi feito um esforço para reunir e compilar informações sobre as cultivares locais de arroz e dividi-las em diferentes capítulos. A informação nas áreas das cultivares locais de arroz, as suas implicações e limitações encontram-se desorganizadas em diferentes artigos de revistas, periódicos e livros editados. Esta informação foi apresentada nesta monografia de forma organizada e com citações actualizadas, o que proporcionará uma literatura abrangente dos avanços recentes das cultivares locais de arroz da Índia. Os dois primeiros capítulos desta monografia tratam da parte introdutória do arroz. A biodiversidade das cultivares locais de arroz da Índia, com especial referência ao leste e nordeste da Índia, foi elaborada no Capítulo 3. Os restantes capítulos principais deste livro são "Usos do arroz", "Arroz medicinal", "Arroz aromático local" e "Causas do declínio da biodiversidade do arroz". Os artigos científicos ou qualquer escrito científico abrangem uma série de termos técnicos. Foi também reservada uma secção para os termos técnicos e definições, designada por "Glossário".

É minha imensa inclinação reconhecer o Dr. Surje Dinesh Tulsiram, o Dr. Swarnajit Debbarma, o Sr. Sudhanshu Mahato, o Dr. Sanjib Bhadra, o Sr. Murali H.A., o Sr. Ranjeet Kumar, o Sr. Susant Gadge, a Sra. Priyanka Sharma pelo seu esforço sincero na investigação do arroz, que conduziu a amplos resultados científicos e que foram incluídos neste trabalho. Estou muito grato ao Sr. Ayub Ali Khan pelo seu esforço sincero e incansável na gestão no terreno de diferentes tipos de experiências, registo de dados, colheita e armazenamento adequado de materiais de reprodução de arroz. Ashok Choudhury (Diretor de Investigação, UBKV) e ao Prof. Asis Kumar Singha Roy (Antigo Reitor, Faculdade de Agricultura, UBKV e antigo Vice-Reitor, UBKV) cuja inspiração e orientação me ajudaram a compilar esta monografia. Estou igualmente grato ao pessoal do Departamento de Ciência e Tecnologia das Sementes, UBKV, Pundibari, Cooch Behar, Bengala Ocidental, Índia. Estou em dívida para com o atual Vice-Reitor, Dr. Chirantan Chattopadhyay, da Uttar Banga Krishi Viswavidyalaya, por me ter permitido preparar esta monografia. Por fim, sou leal ao meu querido filho

KINJAL por uma série de pequenas ajudas durante a dactilografia do manuscrito.

Qualquer sugestão dos leitores relacionada com os diferentes aspectos pertinentes a esta monografia para melhorar ainda mais será extremamente apreciada.

Bidhan Roy

Datado de: *6th outubro, 2017*

Cooch Behar, ÍNDIA

ÍNDICE

Capítulo 1

INTRODUÇÃO

As Nações Unidas anunciaram 2004 como o "Ano Internacional do Arroz". Quase mil milhões de agregados familiares na Ásia, em África e nas Américas dependem do sistema do arroz para a sua principal fonte de subsistência. O arroz está na linha da frente da luta contra a fome e a pobreza no mundo e é também um símbolo de identidade cultural e de unidade global. O arroz dá forma a observâncias religiosas, festivais, costumes, gastronomia e celebrações. Assim, a FAO está a organizar uma campanha sob o lema Rice is Life (Arroz é Vida), que reflecte a importância do arroz como fonte primária de alimentação, e parte do entendimento de que os sistemas baseados no arroz são essenciais para a segurança alimentar, a redução da pobreza e a melhoria dos meios de subsistência (Anonymous, 2000).

1.1. HISTÓRIA DO ARROZ

As plantas de arroz remontam a 5000 a.C., mas pensa-se que a prática da cultura do arroz teve origem em zonas da China e do sul e leste da Ásia, por volta de 2000 a.C. A domesticação do arroz remonta à antiguidade, embora o momento e o local exactos da sua domesticação nunca possam ser conhecidos. No entanto, o consenso geral é que a domesticação ocorreu de forma independente na China, na Índia e na Indonésia, dando origem aos três grupos de variedades asiáticas: *japonica*, *indica* e *javanica*. Os registos chineses da cultura do arroz remontam a 4000 anos. A maioria acredita que as raízes do arroz provêm da Índia de 3000 a.C., onde os nativos descobriram a planta em estado selvagem e começaram a fazer experiências com ela. Com a sua longa história de cultivo e seleção em diversos ambientes, o arroz adquiriu uma grande adaptabilidade que lhe permite crescer numa série de ambientes, desde águas profundas a pântanos, condições de regadio e zonas húmidas, bem como em encostas secas. Provavelmente muito mais do que qualquer outra cultura, o arroz pode crescer em diversas condições geográficas (tropicais, subtropicais e temperadas), climáticas e culturais.

O arroz em África é cultivado há 3500 anos. No Médio Oriente e na Europa mediterrânica, começou por volta de 800 a.C. thO arroz espalhou-se por Itália e depois por França, a partir de meados do século XV, propagando-se mais tarde a todos os continentes durante a grande época das explorações europeias. Em 1694, o arroz chegou à Carolina do Sul, provavelmente originário de Madagáscar. Os espanhóis trouxeram o arroz para a América do Sul no início do século 18th .

1.2. DIVERSIDADE GENÉTICA

As preferências de qualidade dos consumidores de arroz deram origem a uma grande diversidade de variedades específicas de diferentes localidades. Embora a diversidade exacta não possa ser avaliada, estima-se que seja de cerca de 140000 genótipos diferentes. O banco de genes do IRRI conserva cerca de 100000 acessos. Só a Índia possui 86330 acessos, dos quais 42004 se encontram no banco nacional de genes, que é enriquecido por novas explorações, recolhas e conservação. As tradições socioculturais aumentaram a diversidade do arroz indiano em termos de características morfológicas e de qualidade, especialmente o tamanho, a forma e a cor dos grãos, bem como as propriedades do aroma e do endosperma.

A agricultura depende em grande medida da diversidade genética das plantas cultivadas. Desde o início da agricultura (há mais de 10000 anos), durante o processo de domesticação e cultivo das plantas cultivadas, foi utilizada e parcialmente preservada uma grande diversidade genética. Estima-se que nem sequer 15% da diversidade potencial tenha sido utilizada. Milhares de variações alélicas valiosas de características de importância económica continuam por utilizar em quase todas as plantas cultivadas. Estas podem ser descobertas e efetivamente utilizadas para enfrentar os desafios actuais e emergentes que ameaçam a segurança alimentar mundial. Infelizmente, esta riqueza genética está a ser corroída devido à negligência e à exploração excessiva. As actividades de desenvolvimento e o planeamento exploratório da utilização dos solos estão a destruir os habitats naturais e as variedades modernas estão a substituir as espécies nativas e as variedades autóctones, o que resulta numa redução da diversidade varietal. As principais espécies cultivadas (arroz, trigo e painço) foram as que mais sofreram durante a revolução verde. Para satisfazer com êxito as necessidades alimentares futuras, é necessário gerir a erosão genética contínua e abordar as questões da conservação genética e da utilização óptima do que resta da diversidade genética de importantes plantas cultivadas.

1.3. QUALIDADE NUTRICIONAL

Só na Ásia, mais de 2 mil milhões de pessoas obtêm 80% das suas necessidades energéticas do arroz, que contém 80% de hidratos de carbono, 7-8% de proteínas, 3% de gorduras e 3% de fibras (Juliano, 1985). Até há pouco tempo, o arroz era considerado apenas um alimento rico em amido e uma fonte de hidratos de carbono e de alguma quantidade de proteínas. A proteína do arroz, embora em pequena quantidade, tem um elevado valor nutricional (Chaudhary e Tran, 2001). Estudos recentes desvendaram uma série de propriedades desconhecidas do arroz, algumas das quais foram referidas na antiga literatura ayurvédica indiana. As literaturas antigas dos países asiáticos produtores de arroz, como a Tailândia, Myanmar, China, Malásia, Indonésia e Índia, atribuíram algumas propriedades medicinais ao arroz, para além de este ser o principal alimento. Nos primeiros escritos orientais, o arroz integral era mencionado como o alimento perfeito.

1.4. USO MEDICINAL

Na China, o valor medicinal do arroz já era conhecido desde 2.800 a.C., altura em que era utilizado pelos médicos reais chineses para fins curativos. Acreditava-se que devolvia a tranquilidade e a paz às pessoas que se perturbavam facilmente. Os grãos de arroz secos e germinados eram utilizados para ajudar na digestão, tonificar os músculos e expulsar os gases do estômago e dos intestinos. Os chineses acreditam que o arroz fortalece o baço e o estômago, aumenta o apetite e cura a indigestão. Utilizam a levedura de arroz vermelho para várias doenças.

Os escritos médicos tradicionais da Malásia prescrevem "verduras" de arroz cozido como loção para os olhos e para utilização em inflamações agudas dos tecidos internos do corpo. A aplicação de arroz seco em pó é recomendada para doenças da pele. No Camboja, as cascas de plantas maduras são consideradas úteis para tratar a disenteria. As cascas de plantas de arroz com três meses de idade são diuréticas. Nas Filipinas, o polimento do arroz (farelo, *tiki tiki*) é extraído e utilizado como uma excelente fonte de vitamina B para prevenir e curar a beribéri (Vir *et al.*, 2005).

O grande sábio Parashara, no texto em sânscrito Krishi-Parashara, escreveu com propriedade em louvor a este grão alimentar. "O arroz é vitalidade, o arroz é também vigor, e o arroz é, de facto, o meio de realização de todos os fins da vida. Todos, deuses, demónios e seres humanos, subsistem do arroz" (Majumdar e Banerji, I960). Ninguém poderia ter expressado melhor a reverência ao arroz do que o sábio Parashara.

1.5. ARROZ AROMÁTICO

A Índia produz algum do arroz de melhor qualidade do mundo. Embora se trate de um produto de grande volume, uma classe de arroz aromático e superfino de qualidade superior desenvolveu os seus próprios nichos de mercado, tornando o comércio do arroz um êxito comercial a nível internacional. Uma classe de arroz de qualidade superior com características específicas do grão, tradicionalmente cultivada em ambas as margens do rio Indo, é popularmente conhecida como arroz basmati e estas variedades são também conhecidas como "Rainha da fragrância". A superioridade das cultivares basmati em relação a outras variedades de arroz de qualidade superior reside nos seus grãos superfinos, com um aroma distinto, excelente capacidade de alongamento e textura macia e escamosa do arroz cozinhado (Siddiq e Shobha Rani, 1998).

A biodiversidade de arroz aromático na Índia é a maior do mundo. O arroz perfumado indiano, "*Basmati*", dominou o mercado nacional e internacional em termos de aroma. Para além deste arroz Basmati, um grande número de variedades autóctones locais de arroz perfumado tem o mesmo desempenho em termos de aroma, qualidades culinárias e rendimento. Infelizmente, estas variedades não mereceram a atenção dos cientistas e comerciantes de arroz, o que levou ao declínio e/ou à extinção desta valiosa riqueza. Muitas zonas de Bengala Ocidental e Assam estão dotadas de cultivares de arroz não-Basmati que são cultivadas casualmente, como modo de vida, quase sem qualquer tendência para a sua exploração comercial. Esta situação não é invulgar em Bengala Ocidental, onde existem várias variedades de arroz desta categoria, nomeadamente *Radhunipagal*, *Tulaipanji*, *Badshabhog*, *Khasha*, *Kalobhog*, etc. Apesar do facto de estas variedades autóctones perfumadas serem cultivadas há séculos, não foi feito qualquer esforço sistemático para melhorar as raças locais de arroz não perfumado de Basmati.

Há uma grande necessidade de recolher, preservar e caraterizar em pormenor as cultivares tradicionais de arroz (Chakrabarty *et al.*, 2012). As variedades de arroz têm sido desenvolvidas tradicionalmente por seleção, hibridação e seleção de retrocruzamento com genótipos de alto rendimento adoptados localmente. O número de linhas parentais é muito limitado, o que conduz a uma base genética estreita. A uniformidade genética da cultura pode ser indesejável em termos de vulnerabilidade da cultura a epidemias. Uma nova fonte importante para a introdução de novas características ou o desenvolvimento de novos tipos de plantas é a existência de um património genético geneticamente diversificado de raças tradicionais de arroz. Foram feitos poucos esforços para utilizar as raças autóctones locais de arroz para o seu melhoramento. Considerando a importância das raças locais de arroz, o presente documento foi planeado para documentar as cultivares locais de arroz disponíveis, com especial orientação para a Índia, e para identificar os traços importantes que podem ser utilizados no melhoramento do arroz pelos criadores de arroz.

Capítulo 2

BIOLOGIA DA POLINIZAÇÃO DO ARROZ

2.1. TAXONOMIA

O arroz pertence ao género *Oryza*, família: Poaceae (Gramineae), tribo: Oryzeae. O género *Oryza* está distribuído por todas as regiões tropicais e subtropicais do mundo. Tem 25 espécies, das quais 23 espécies são selvagens e apenas duas espécies, *Oryza saliva* e *Oryza glaberrima,* são espécies cultivadas. *A Oryza saliva* é cultivada principalmente na região asiática, enquanto a *Oryza glaberrima é* cultivada em África. O género contém espécies diploides (2n = 24) e tetraploides (2n = 48). Com base na análise do genoma, todas as 25 espécies foram agrupadas em nove genomas distintos, viz. A, B, C, D, E, F, G, H e J e foram classificadas em cinco complexos diferentes, como indicado no Quadro 2.1.

2.2. MORFOLOGIA

O arroz cultivado é uma cultura anual, mas alguns dos seus parentes selvagens são de natureza perene. A planta do arroz, tipicamente uma gramínea, é constituída por raiz, caule (colmo), perfilhos, folhas e panículas na parte terminal dos perfilhos produtivos. A altura da planta varia consoante a variedade e as condições ambientais, oscilando entre 0,40 m nas variedades anãs e 5,0 m nalgumas variedades de arroz flutuante de águas profundas.

2.2.1. Raiz

Todos os membros da família das gramíneas são monocotiledóneas com sistema radicular adventício. A raiz primária que resulta do prolongamento do radical é, por sua vez, suportada por várias raízes adventícias. Geralmente, as variedades mais altas têm uma maior penetração de raízes do que as variedades mais baixas. Do mesmo modo, as variedades com bom hábito de perfilhamento têm um sistema radicular bem desenvolvido.

Quadro 2.1. Complexos de espécies de diferentes espécies de *Oryza* e sua distribuição geográfica

Sl. No	Species complex	Chr. No. (2n)	Genome	Geographical distribution
I	**Sativa Complex**			
1	*O. sativa* L.	24	AA	South & Southeast Asia
2	*O. nivara* Sharma et Shastry	24	AA	Tropical Asia
3	*O. rufipogan* Griff.	24	AA	Tropical Asia
4	*O. meridionalis* Ng	24	AA	Tropical Australia
5	*O. glumaepetula* Steud.	24	AA	Tropical America
6	*O. glaberrima* Steud.	24	AA	Tropical West Africa
7	*O. barthii* A.Chev. et Roehr.	24	AA	West Africa
8	*O. longistaminata* A.Chev. et Roehr.	24	AA	Africa
II	**Officinalis / Latifolia Complex**			
9	*O. punctata* Kotschy ex Steud.	24	BB	Africa
10	*O. rhizomatis* Vaughan	24	CC	Sri Lanka
11	*O. minuta* J.S.Pesl. ex C.B. Presl.	48	BBCC	Philippines, New Guinea
12	*O. malamphuzensis* Krishn. Et Chandr.	48	BBCC	South India (Kerala)
13	*O. officinalis* Wall.ex Watt	24	CC	Asia, New Guinea
14	*O. eichingeri* A. Peter	24	CC	East Africa & Sri Lanka
15	*O. latifolia* Desv.	48	CCDD	Central & South America
16	*O. alta* Swallen	48	CCDD	Central & South America
17	*O. grandiglumis* (Doell) Prod.	48	CCDD	South America
18	*O. austaliensis* Domin.	24	EE	Northern Australia
19	*O. schweinfruthiana* Prod.	48	BBCC	Tropical Africa
III	**Meyeriana complex**			
20	*O. granulate* Nees et Arn.ex Watt	24	GG	South & Southeast Asia
21	*O. meyeriana* (Zoll et Mor.ex Steud) Baill.	24	GG	Southeast Asia
IV	**Ridleyi complex**			
22	*O. longiglumis* Jansen	48	HHJJ	Indonesia, New guinea
23	*O. ridleyi* Hook f.	48	HHJJ	Southeast Asia
V	**Unclassified**			
24	*O. brachyantha* A.Chev. et Roehr	24	FF	West & Central Africa
25	*O. schlechteri*	48	HHKK	Indonesia, New Guinea

A cultura de sementeira direta desenvolve um sistema radicular mais profundo mas pouco desenvolvido, enquanto a cultura transplantada tem um sistema radicular pouco profundo mas bem desenvolvido. No caso das variedades de arroz de águas profundas, as raízes nodais desenvolvem-se mesmo nos nós mais altos à medida que a planta se alonga.

2.2.2. Caule

O caule da espécie *Oryzae*, tal como o de outras gramíneas, é constituído por um rizoma subterrâneo e por um pseudocaule aéreo. Esta condição é mais visível no arroz selvagem com hábito perene. Nas espécies cultivadas não existe um rizoma bem diferenciado. O caule acima do nível do solo é constituído por nós sólidos e entrenós ocos e é vulgarmente designado por *colmo* (Fig. 4.4). Com base no habitat e na espécie, o alongamento dos entrenós varia. O alongamento rápido é observado principalmente após a emergência da panícula a partir da folha bandeira. Os gomos mais baixos nos nós apinhados, mesmo ao nível do solo ou abaixo deste, desenvolvem-se em perfilhos. O hábito de perfilhamento depende das variedades, do espaçamento, dos fertilizantes e das operações culturais. O perfilhamento começa aos 10 dias após o transplante e atinge o máximo entre 40 e 50 dias após o transplante (Arunachalam, 1984).

2.2.3. Folha

As folhas nascem dos nós do caule em duas fileiras. Cada folha é composta por uma bainha e uma lâmina (Fig. 3.4). A junção da bainha e da lâmina foliar é chamada de *juntura/colar*, que é uma estrutura triangular. Na base da juntura, uma lígula membranosa e um par de aurículas em forma de foice estão presentes em cada lado da lâmina. A *lígula* é oblonga ou romba e tem 1-5 mm de comprimento na maioria das espécies. A base inchada da bainha, acima do ponto de inserção no caule, é chamada *pulvino*. O colmo principal tem um grande número de folhas em comparação com os perfilhos. O número de folhas nos perfilhos diminui com o aumento da ordem de perfilhamento. A última folha do colmo é denominada folha bandeira e a sua lâmina é mais curta e mais larga do que a das outras folhas; o ângulo da folha bandeira está orientado mais verticalmente do que o das folhas anteriores. Os perfilhos nascem de gemas auxiliares e são envolvidos por folhas especiais *chamadas profilos*.

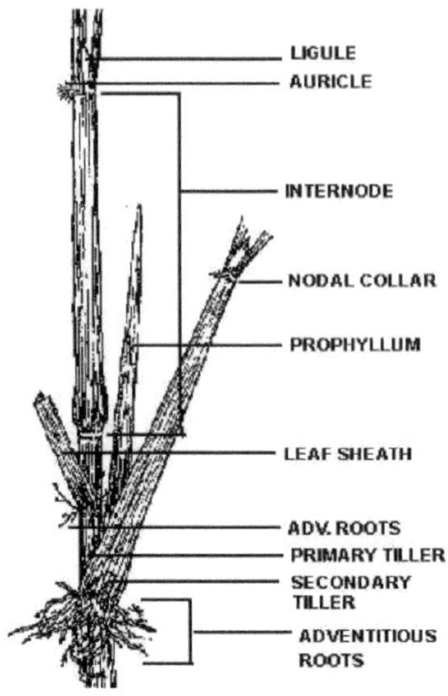

Fig. 2.1. Morfologia da planta de arroz.

2.3. FASE DE REPRODUÇÃO

A fase reprodutiva é caracterizada pelo alongamento do colmo, um declínio no número de perfilhos, o enraizamento, o aparecimento da folha bandeira, o crescimento e a floração. A fase reprodutiva dura geralmente cerca de 30 dias na maioria das cultivares. O início desta fase é por vezes referido como o alongamento do entrenó ou a fase de junção e varia ligeiramente consoante a cultivar e as condições climatéricas. Os sucessivos estádios de crescimento reprodutivo fornecem termos úteis para que duas pessoas possam comunicar claramente sobre o estádio do arroz.

2.3.1. Inflorescência

A inflorescência no arroz é uma panícula terminal (Fig. 2.2). O pedúnculo da panícula é chamado *pedúnculo* e é o último inter-nó do caule. A junção do pedúnculo com o eixo principal da panícula é marcada por um anel ciliado. No arroz, a exposição da porção do pedúnculo desde a junção da folha da bota/bandeira até ao anel ciliado é designada por *esforço da panícula* e o grau de esforço varia consoante as variedades. O eixo principal da panícula, designado por eixo primário, suporta um certo número de *ráquis* secundários. O ráquis secundário ramifica-se em ráquis terciários. O ráquis terciário, por sua vez, produz ráquilas dispostas alternadamente, que têm espiguetas nas suas pontas. O ráquis primário contém entrenós ocos, mas os ráquis secundários e terciários não são ocos. A forma da inflorescência na maioria das espécies de arroz é oblonga ou fusiforme.

2.3.2. A flor

Nas gramíneas e nas culturas de cereais, é a disposição das espiguetas e não a das flores individuais que é utilizada para classificar a inflorescência. Uma **espigueta**, ou pequena espiga, é constituída por uma a várias flores e brácteas associadas. Cada flor é rodeada por um **lema** e uma **pálea**, estruturas que são designadas como a casca do grão de arroz debulhado. O conjunto formado pelo lema, pela pálea e pela flor é designado por **florete** (Fig. 2.2). Os floretes são envolvidos por brácteas chamadas **glumas** que, no arroz, são muito mais pequenas do que o lema e a pálea.

A espigueta é constituída por duas glumas vazias (glumas estéreis) e duas glumas férteis, a lema exterior e a palea interior. Duas estruturas transparentes e carnudas situadas na base da espigueta são chamadas *lodículas*, que representam o perianto reduzido. No interior do lema e da pálpea, estão presentes seis estames de 2,0-2,5 mm de comprimento, dispostos em duas espirais de três cada, e um pistilo de cor púrpura contendo um único óvulo com um estilo curto e fino e um estigma plumoso bifurcado. As glumas vazias têm geralmente uma única nervura, enquanto o lema é constituído por cinco nervuras e uma pálpea. Nalgumas variedades, a nervura central do lema é alongada e transforma-se numa *auréola* (Fig. 2.2).

2.3.3. Biologia da reprodução

O arroz é basicamente uma planta *autogâmica* que se propaga principalmente através de sementes produzidas por autopolinização. Normalmente, *a antese* começa pouco depois de a panícula emergir da folha bandeira. A abertura das flores numa panícula começa de cima para baixo e demora cerca de uma semana até a antese estar completa. A abertura das espiguetas ocorre geralmente entre as 9 e as 10 horas da manhã, mas varia em função das condições meteorológicas, nomeadamente da temperatura e da humidade. Após a antese, as anteras salientes murcham. Cada antera é constituída por mais de 1000 grãos de pólen, que se dispersam imediatamente após a abertura da espigueta e germinam na superfície do estigma em cerca de três minutos após a polinização. Apenas um tubo polínico atinge o óvulo em cerca de uma hora após a polinização, para iniciar a *dupla fertilização* e a *tripla fusão*. A maturação da antera e do óvulo ocorre simultaneamente, sem qualquer intervalo de tempo, numa espigueta.

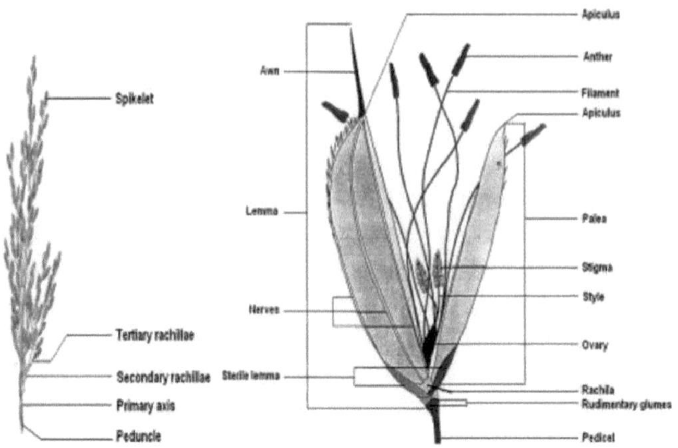

Fig. 2.2. Inflorescência e partes florais do arroz

A germinação do pólen dura apenas alguns minutos em condições favoráveis de temperatura e humidade, enquanto os óvulos podem permanecer viáveis durante vários dias após a maturação. A viabilidade do pólen das espécies cultivadas dura apenas 3-5 minutos, enquanto a das espécies selvagens pode durar até 9 minutos (Oka e Morishima, 1967; Koga *et al.*, 1971). Embora o arroz seja basicamente uma cultura de autopolinização, o cruzamento natural pode ocorrer até 0,5 a 4% (Oka, 1988). A maioria das espécies selvagens tem um estigma mais longo, que se projecta bem para fora da espigueta, facilitando o aumento da percentagem de cruzamento (Virmani e Edwards, 1983). Entre os diferentes ecotipos de *O. sativa*, a indica tem maior percentagem de cruzamento do que a japónica (Oka, 1988).

Embora *O. sativa* seja uma cultura anual propagada por semente, pode ser mantida vegetativamente como uma cultura perene. O carácter perene da *O. saliva* pode ter sido herdado do seu antepassado *O. rufipogan*, uma espécie perene (Morishima *et al.*, 1963). Em condições naturais, após a colheita, os rebentos de perfilhos nos nós basais começam a crescer novamente. Esses novos perfilhos são chamados de '*soqueira*' e podem ser cultivados melhor em condições de dias longos.

A produção de híbridos viáveis entre *O. sativa* e os seus parentes distantes é difícil de conseguir, principalmente devido às barreiras reprodutivas existentes entre eles. As barreiras pós-fertilização são principalmente de quatro tipos, viz. F_1 inviabilidade (aborto embrionário precoce), F_1 fraqueza, F_1 esterilidade e quebra do híbrido (Oka, 1988).

2.4. VIABILIDADE POLÍNICA

A viabilidade do pólen é a capacidade de o pólen permanecer viável para produzir o tubo polínico após o evento de polinização e, subsequentemente, entregar os gâmetas masculinos ao saco embrionário. A longevidade dos grãos de pólen varia de espécie para espécie. A longevidade pode também ser influenciada pela temperatura, humidade e outros parâmetros meteorológicos. A quantidade e a qualidade do pólen produzido por uma flor é um componente importante para o sucesso da polinização. A qualidade do pólen é frequentemente equiparada à viabilidade do pólen, ou seja, a proporção de grãos de pólen que são viáveis.

A viabilidade pode ser medida de várias maneiras (Stanley e Linskens, 1974; Heslop-Harrison *et al.*, 1984). A germinação *in vitro* é o teste mais comum para determinar a viabilidade do pólen. Outro método comum para avaliar tanto a carga polínica como a viabilidade do pólen é a coloração e a contagem direta (Barrett, 1985; Dudash, 1991; Willis, 1999). As anteras são recolhidas e suspensas numa solução que contém um corante como o *azul de anilina*. Os grãos viáveis ou potencialmente viáveis absorvem o corante, enquanto os grãos não viáveis não o fazem. A solução de pólen é então dispersa numa lâmina de hemacitómetro e o número de grãos corados (viáveis) e não corados (inviabilizados) é contado utilizando um microscópio (Kearns e Inouye, 1993).

2.5. RECEPTIVIDADE DO ESTIGMA

A recetividade do estigma é a capacidade do estigma para apoiar a germinação e o crescimento do tubo polínico de pólen compatível. A recetividade do estigma é uma fase crucial na maturação de uma flor que pode influenciar grandemente a taxa de autopolinização, o sucesso da polinização em diferentes fases do ciclo de vida da flor, a importância relativa de vários polinizadores, a interferência entre as funções masculinas e femininas, a taxa de competição através da transferência inadequada de pólen e as hipóteses de seleção gametofítica (Galen *et al.*, 1987). O início da recetividade do estigma e a duração da recetividade variam consoante a espécie, bem como dentro da mesma espécie.

Qualquer sucesso em experiências de reprodução ou procedimentos de polinização artificial deve ser acompanhado de testes sobre o momento e a duração da recetividade do estigma (Stone *et al.*, 1995). Os estigmas receptivos são caracterizados por uma elevada atividade enzimática. Verifica-se que a presença de várias enzimas coincide com esta fase de desenvolvimento (Knox, 1984; Shivana e Rangaswamy, 1992) e, consequentemente, a maioria dos métodos para determinar a recetividade do estigma *in vitro* baseia-se na identificação da atividade enzimática.

2.5.1. Testes de recetividade ao estigma

Existem vários métodos disponíveis para testar a recetividade do estigma. O método tradicional é através da polinização de controlo e de estudos subsequentes sobre a frutificação e a fixação de sementes. A germinação do pólen e o crescimento do tubo polínico após a polinização também podem ser usados para avaliar a recetividade do estigma. Alguns dos testes modernos de recetividade do estigma são discutidos brevemente a seguir.

2.5.1.1. Procedimento de Baker (Dafni, 1992)

Este teste detecta a presença de álcool desidrogenase. A solução de teste é constituída por 10 ml de tampão fosfato 1 M (pH 7,3-7,5), diluído (1 parte de tampão para 2 partes de água destilada); 5-10 mg de nitroblue-tetrazolium para dar uma ligeira coloração amarela; 6 mg de nicotinamida adenina dinucleótido; e 1 ml de etanol (95%). Os estigmas frescos foram cortados e removidos no campo diretamente para uma grande gota desta solução de teste numa lâmina e incubados à temperatura ambiente numa placa de Petri fechada com um papel de filtro húmido no fundo. Os estigmas foram inspeccionados após 20-40 minutos à lupa (x 20) ou ao microscópio (x 200) para localizar as zonas coradas.

2. 5.1.2. Ensaio de Perex

Esta solução (Merck chemical 16206) testa a presença de peróxido de hidrogénio. O tecido torna-se cor de laranja intenso no espaço de 1 a 4 minutos quando o peróxido está presente. O kit possui uma tabela de cores que indica a gama de concentrações de 10500 ppm de peróxido. Coloca-se uma gota de solução diretamente sobre o estigma e inspecciona-se após alguns minutos para verificar a coloração amarela a laranja.

2. 5.1.3. Peróxido de hidrogénio

Coloca-se uma solução a 6% sobre o estigma e observa-se o aparecimento de bolhas (Zeisler, 1933).

2. 5.1.4. Papel de teste da peroxidase de Macherey-Nagel Peroxtesmo Ko

Este método de teste foi desenvolvido por Motten (1982) e Sullivan (1984). A utilização normal consiste em aplicar o papel diretamente sobre o estigma, e o aparecimento de uma cor azul indica a presença de peroxidases; no entanto, o papel não funciona em estigmas secos. Dafni (1992), Kearns e Inouye (1993) verificaram que, se o papel fosse primeiro mergulhado brevemente numa gota de água destilada, era mais eficaz (em geral) e podia também ser utilizado em alguns estigmas secos.

Dafni e Maues (1998) foram mais longe e embeberam um papel (15 x 15 mm) em 1 ml de água destilada e aplicaram uma gota da solução diretamente no estigma. Se o estigma estivesse muito escuro e a coloração azul não fosse percetível, deixavam a gota de solução de peroxtesmo durante 3 minutos e depois recolhiam a gota com uma pequena cunha de papel Whatman número 1 para ver se tinha ficado azul (1-3 ml da solução é suficiente).

2.4. GRÃOS

O grão de arroz é tipicamente um fruto chamado *cariopse* e tem uma forma oblonga. O invólucro exterior, constituído por lema e palea, envolve a cariopse (arroz castanho). O arroz castanho é constituído principalmente pelo pericarpo exterior, seguido do invólucro da semente, do nucelo, de um pequeno embrião na parte ventral e de um grande endosperma (Fig. 2.3). No arroz *Indica,* o lema, a pálea e a ráquila constituem a casca, enquanto no arroz *Japonica* a casca é constituída principalmente por glumas rudimentares e, por vezes, por uma parte do pedicelo. Um único grão pesa cerca de 10-40 mg. A casca constitui cerca de 20% do peso total do grão. O comprimento e a largura do grão variam consoante as variedades.

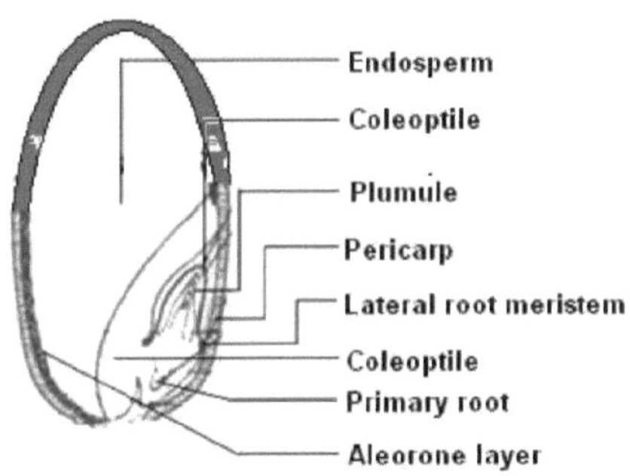

Fig. 2.3. Diferentes partes do grão de arroz

Capítulo 3

DIVERSIDADE DE CULTIVARES LOCAIS DE ARROZ

3.1. INTRODUÇÃO

Assam e os estados adjacentes são o ***principal centro*** de origem do arroz (**o Centro de Origem Hindustânico**, que inclui Myanmar, Assam, o Arquipélago da Malásia, Java, Bornéu, Sumatra e Filipinas). As raças tradicionais são importantes reservatórios de características valiosas e necessitam de atenção especial para futura conservação e utilização no melhoramento das culturas. Existem várias cultivares locais de arroz com e sem cheiro na Índia em geral e no Nordeste da Índia em particular (Roy *et al.*, 1985; Talukdar *et al.*, 2012; Chakravorty e Ghosh, 2013). Algumas variedades estão a ser extensivamente cultivadas em zonas orientadas para problemas específicos de Bengala Ocidental e Assam, como o arroz de águas profundas, o arroz tolerante à submersão e à seca utilizado por tribos, etc. O **Aus Dhan** de Bengala Ocidental possui uma capacidade de tolerância ao stress biótico e abiótico. As variedades autóctones e as espécies selvagens possuem um potencial imenso de genes muito valiosos que podem ser utilizados eficazmente nos programas de melhoramento para desenvolver variedades de arroz de elevado rendimento com qualidade e resistência a stresses bióticos e abióticos (Saxena *et al.*, 1988; Trikey *et al.*, 2013).

No arroz, das 22 espécies, 5 espécies selvagens, como *Oryza granulala*, *O. officinalis*, *O. rufipogan*, *O. meyeriana* e *O. nivara*, juntamente com diferentes formas, ocorrem nos Himalaias orientais e do nordeste (Hore e Sharma, 1993; Hore, 2005; Rana *et al.*, 2008). A diversidade de germoplasma que foi recolhida varia entre 6000 e 8000 na região oriental e nordeste

(Sahrma e Hore, 1990) e de 1000-1500 nas regiões ocidentais dos Himalaias (Rana *et al.*, 2008).

3.2. DIVERSIDADE GENÉTICA NO REPOSITÓRIO DA UBKV

Cerca de 170 cultivares locais foram colhidas e estão a ser conservadas no Repositório de Arroz de Uttar Banga krishi Viswavidyalaya, Pundibari, Coocg Behar, Bengala Ocidental (Índia). A maior parte delas provém de Bengala Ocidental. Para além de Bengala Ocidental, foram também colhidas cultivares dos Estados indianos de Assam e Manipur. Todas as cultivares recolhidas foram caracterizadas morfologicamente. Alguns dos resultados importantes e significativos são apresentados resumidamente neste capítulo.

3.2.1. Variabilidade genotípica

Alta variabilidade genotípica registada entre 132 raças tradicionais de arroz disponíveis na UBKV (Uttar Banga Krishi Viswavidyalaya) para um grande número de características como número de perfilhos, número de panículas, grãos por panícula, peso de 100 grãos, dias até à maturidade, forma da panícula (compacta, solta, erecta), toldos (sem toldos, com toldos curtos a longos), cor da casca (palha, dourada, castanha dourada, preta púrpura), forma do grão (longo delgado, curto delgado, médio delgado, longo ousado e curto ousado), acamamento (suscetível e tolerante) (Hanamaratti *et al.*, 2008; Roy, 2013; Roy e Basu, 2013; Roy *et al*, 2013). Um grande número de variedades autóctones de arroz, como Kalobhog, Mohanbhog, Tulaipanji, Badshahbhog, Kalojeera, Radhunipagul, Gobindobhog, Chinakamani, Jhapaka, Fudugey, Kagey, Tulsimukul, Dudheswar, Sadanunia, Kalomunia, etc., ocupam uma área considerável. estão a ocupar uma área considerável devido aos seus atributos especiais, como o aroma, a finura, a tolerância às pragas de insectos, a tolerância às doenças, a tolerância à submersão, a tolerância à seca, etc.

3.2.2. Variabilidade dos caracteres quantitativos

3.2.2.1. Cor do coleóptilo

A observação foi efectuada visualmente através da observação da cor individual dos coleóptilos (PPV & FRA, 2007). Os coleóptilos de todas as cultivares locais não apresentaram

Assim, todas as cultivares locais do nosso estudo foram classificadas como "incolores" (Quadro 3.1; Fig. 3.1A).

3.2.2.2. Folha basal: Cor da bainha

A observação da cor da bainha da folha basal foi efectuada na fase de arranque. A cor da bainha da folha variou entre verde, roxo claro, linhas roxas e roxo uniforme. Das 132 cultivares locais, 110 cultivares locais apresentaram bainha foliar basal de cor verde [Hatidat Komal, Tulsibhog, Kauka, Mohanbhog, Badshabhog, Kabra, Khama, Satia etc. (Quadro 3.1.; Fig. 3.1B)]. Este resultado também corrobora as conclusões de muitos investigadores, segundo os quais a maioria das cultivares locais possui uma bainha foliar basal de cor verde (Parikh *et al.*, 2012; Chakrabarty *et al.*, 2012; Chakravorty e Ghosh 2011, 2012, 2013; Tirkey *et al.*, 2013; Subba Rao *et al.*, 2013; Singh *et al.*, 2015). Dezassete foram encontradas com a cor da bainha da folha basal de cor púrpura clara, tais como, Jhagarikartik, Sada Nunia, Sial Bhomra, Kola Joha-Big, Kataribhog, Silathia Bora, Dubari Komal etc. (Tabela 3.1.; Fig. 3.1C); quatro cultivares locais mostraram linhas púrpuras Ghee Bora, Seshphal etc. (Tabela 3.1.; Fig. 3.1D); e apenas uma FV (Kharadhan) foi encontrada com bainha de folha basal de cor púrpura uniforme (Tabela 3.1.; Fig. 3.1E).

3.2.2.3. Folha: Intensidade da cor verde

Onze cultivares locais apresentaram folhas de cor verde clara (Quadro 3.1.; Fig. 3.F), como, por exemplo, Phoolpakari, Bitti, Jhapaka, Uttar Banga Local-5, Kaike, Dhyapa, Kalakali, Radhunipagal, Kalturey, Jhagarikartik, etc.; 43 apresentaram folhas de cor verde média (Quadro 3.1.; Fig. 3.1G), por exemplo, Tarapakari, Sada Nunia, Malbati, Uttar Banga Local-6, Kaloboichi, Tarai Research Society-1, Khasa, Biroi, Munimahuauri, Fudugey, Uttar Banga Local-17, Kalojeera, Tulaipanji, Malshira etc.; e 78 apresentaram cor verde escura [Bonnidhan, Kalobhog, Jashoya, Jasawa-AD, Pahariboichi, Jaldhyapa-AD, Sadabhatkalo, Betho, Uttar Banga Local-11, Rampha, Lagidhan, Ronga Komal etc. (Quadro 3.1.;Fig.3.1H)].

3.2.2.4. Folha: Coloração antociânica

A observação da cor da antocianina da folha foi efectuada na fase de arranque. Out of 132 local cultivars, 127 showed no leaf anthocyanin colouration [Tulaipanji, Kalojeera, Jashoya, Jasawa-AD, Pahariboichi, Jaldhyapa-AD, Sadabhatkalo, Betho, Uttar Banga Local-11, Rampha, Lagidhan, Ronga Komal etc. (Quadro 3.1.; Fig. 3.4)], apenas cinco mostraram a presença de coloração antociânica [Chakhao Angangbi, Kharadhan, Chakhao-Selection-2, Chakhao-Selection-1, Kataribhog (Quadro 3.1.; Fig. 3.11)].

Fig. 3.1. Cor dos coleóptilos, bainha foliar e folha. A) Coleóptilos de cor branca; **B)** Cor verde da bainha basal da folha; **C)** Cor roxa clara da bainha basal da folha; **D)** Linhas roxas cor da bainha basal da folha; **E)** Cor púrpura uniforme da bainha basal da folha; **F)** Intensidade da cor verde clara da folha; **G) Intensidade** da cor verde média da folha; **H)** Intensidade da cor verde escura da folha; **I)** Sem coloração de antocianina da folha

3.2.2.5. Folha: Distribuição da coloração antociânica

Apenas uma cultivar local [Chakhao-Selection-l (Quadro 3.1; Fig. 3.2B)] apresentou coloração antocinina apenas nas pontas, uma cultivar local (Chakhao Angangbi) apenas nas margens (Quadro 3.1; Fig. 3.2C) apenas, duas em manchas [Kataribhog, Chakhao Selection-2 (Quadro 3.1) apenas e uma cultivar local, nomeadamente Kharadhan, apresentou uma coloração uniforme de antocinina na folha (Quadro 3.1; Fig. 3.2D). A coloração uniforme na folha é muito rara entre as cultivares locais de arroz. A coloração uniforme da antocianina da folha foi relatada em Mallikasal (Chakravorty e Ghosh, 2012), Dambersali (Hanamaratti *et al.,* 2008), Shyamala (PPV & FRA, 2007).

3.2.2.6. Bainha da folha: Coloração antociânica

Das 132 cultivares locais, apenas 27 cultivares locais mostraram coloração de antocianina na bainha da folha [Birali, Kola Joha-Small, Kalturey, Gobindobhog, Tulaipanji, Satia, Kauka, Khama, Kabra, Tulsibhog, Sial Bhomra, Jaldhyapa-3 etc. (Tabela 3.1.; Fig. 3.2D)]. (Quadro 3.1.; Fig. 3.2D)] e as restantes 105 não apresentaram coloração de antocianina na bainha da folha [Singara, Ghee Bora, Hatidat Komal, Sada Nunia, Kataribhog, Chapka Chakhao, Sitalkuchi-2, Jonroi Buna, Chakhao Amubi etc. (Quadro 3.1.; Fig. 3.2E)].

3.2.2.7. Bainha da folha: Intensidade da coloração antociânica

A observação foi efectuada visualmente através da observação de bainhas de folhas individuais. A intensidade da coloração antociânica da bainha da folha foi classificada como muito fraca, fraca, média, forte e muito forte. Do estudo, seis cultivares locais (Silathia Bora, Uttar Banga Local-6, Kagey, Sitalkuchi-1, Chapka Chakhao, Hatidat Komal, Sada Nunia, Kataribhog) mostraram uma coloração de antocianina muito fraca (Tabela 3.1.; Fig. 3.2G), 12 apresentaram coloração antociânica fraca [Ronga Komal, Bonnidhan, Garu Chakua, Jonroi Buna, Kalokhasa, Singara etc. (Quadro 3.1.; Fig. 3.2H)], seis apresentaram cor média de antocianina [Dubari Komal, Chakhao Poireiton, Chakhao Sempak, Dharam Phou, Sitalkuchi-2, Ghee Bora etc. (Quadro 3.1.; Fig. 3.21)], duas cultivares locais (Chakhao Amubi, Chakhao-Selection-2) mostraram forte coloração de antocianina (Tabela 3.1.; Fig. 3.3A) e uma (Kharadhan) mostrou cor de antocianina muito forte (Tabela 3.1.;Fig.3.3B).

Fig. 3.2. Cor antociânica da folha e da bainha da folha. **A)** Presença de coloração antociânica da folha; **B)** Distribuição da coloração antociânica da folha apenas nas pontas; **C)** Distribuição da coloração antociânica da folha apenas nas margens; **D)** Distribuição uniforme da coloração antociânica da folha; **E)** Ausência de coloração antociânica da bainha da folha; **F)** Presença de coloração antociânica na bainha da folha; **G)** Intensidade muito fraca de coloração antociânica na bainha da folha; **H)** Intensidade fraca de coloração antociânica na bainha da folha; **I)** Intensidade média de coloração antociânica na bainha da folha.

3.2.2.8. Folha: Pubescência da superfície da lâmina

Das 132 cultivares locais, nenhuma das cultivares locais mostrou ausência de pubescência foliar (Quadro 3.1). Cinco dessas cultivares locais apresentaram uma pubescência foliar fraca (Phoolpakari, Jashoya, Kalakali, Radhunipagal, Kalodhyapa), 31 eram médias (Chakhao Poireiton, Uttar Banga Local-10, Munimahuauri, Malshira, Kalojeera, Tulaipanji, etc.), 78 eram fortes (Khaiyamdhan, Tarai Research Society-3, Tulsimukanji, etc.), e 78 eram fortes (Khaiyamdhan, Tarai Research Society-3, Tulsimukanji, etc.).), 78 apresentaram uma forte pubescência (Khaiyamdhan, Tarai Research Society-3, Tulsimukul, Radhatilak-2, Baigonmacchua, Laldhyapa, etc.) e 18 apresentaram uma pubescência foliar muito forte (Uttar Banga Local-9, Kashiya Binni, Beto,

Panikuthi Shyamlal, Binni, Chakhao Angangbi, etc.).

3.2.2.9. Folha: Aurículas

Todas as cultivares locais exibiram a presença de aurículas nas folhas (Quadro 3.1.; Fig. 3.3C). Muito raramente é encontrada uma variedade sem aurículas (Parikh *et al.*, 2012; Chakrabarty *et al.*, 2012; Chakravorty e Ghosh, 2011, 2012, 2013; Tirkey *et al.*, 2013; Subba Rao *et al.*, 2013; Singh *et al.*, 2015). Alguns dos exemplos de variedades sem aurículas foliares são Kalamkathi, Sukalam, Mahisladan, Sankarsal, Punjabsal, Behalsal, Kerala Sundari (Chakravorty e Ghosh, 2012, 2013); Vikramarya (PPV & FRA, 2007).

3.2.2.10. Folha: Coloração antociânica das aurículas

No presente estudo, a maioria das cultivares locais possuía aurículas incolores. Das 132 cultivares locais, 119 apresentaram aurículas incolores, tais como, Hatidat Komal, Sada Nunia, Sial Bhomra, Tulsibhog, Satia, Singara, Kalturey, Gobindobhog, Dudhekalam Motajasawa, Sitalkuchi-4 etc. (Quadro 3.1.; Fig. 3.3D); oito mostraram aurículas de cor púrpura clara [Kauka, Bora, Ghee Bora, Chakhao-Selection-1, Dubari Komal, Ronga Komal, Bonnidhan, Garu Chakhua (Quadro 3.1.; Fig. 3.3E)] e cinco mostraram aurículas de cor púrpura [Kharadhan, Chakhao-Selection-2, Uttar Banga Local-3-1, Chakhao Poireiton (Quadro 3.1.; Fig. 3.F)].

3.2.2.11. Folha: Colarinho

A observação da presença ou ausência de colarinho foi efectuada na fase de arranque e a observação foi feita visualmente através da observação do colarinho de cada folha (Quadro 3.1.; Fig. 3.3G). Todas as cultivares locais tinham um colarinho bem definido. Esta constatação também corrobora as conclusões de Chakrabarty *et al.* (2012), Chakravorty e Ghosh, (2012, 2013), Subba Rao *et al.* (2013).

3.2.2.12. Folha: Coloração antociânica do colarinho

A observação da presença ou ausência de cor antociânica no colarinho das folhas foi efectuada na fase de arranque e a observação foi feita visualmente através da observação de cada colarinho de folha. Das 132 cultivares locais, 118 não apresentaram coloração antociânica no colarinho da folha [Khaiyamdhan, Uttar Banga Local-9, Tarai Research Society-3, Tulsimukul, Kashiya Binni, Uttar Banga Local-13, Radhatilak-2, Beto, Seshphal, Ladu, Baigonbuchi etc. (Tabela 3.1; Fig. 3.3H)]. Apenas 14 cultivares locais mostraram a presença de coloração de antocianina no colarinho da folha [Chakhao Poireiton, Chakhao Sempak, Chakhao

Angangbi, Uttar Banga Local-3, Uttar Banga Local-3-1 etc. (Tabela 3.1; Fig. 3.31)].

3.2.2.13. Folha: Lígula

A observação da presença ou ausência de lígula foliar foi efectuada na fase de arranque e a observação foi feita visualmente através da observação de cada lígula foliar. Todas as 132 cultivares locais mostraram a presença de lígula na região do colarinho da folha (Tabela 3.1; Fig. 3.4A). Resultados semelhantes de investigadores anteriores também mostraram que quase todas as variedades de arroz tinham lígula foliar (PPV & FRA, 2007; Subudhi *et al.*, 2012; Parikh *et al.*, 2012; Chakrabarty *et al.*, 2012; Subba Rao *et al.*, 2013; Singh *et al.*, 2015). No entanto, Chakravorty e Ghosh, (2012, 2013) encontraram duas cultivares locais, nomeadamente, Agnisal e Kereala Sundari sem lígula.

Fig. 3.3. Cor antociânica da bainha e do colarinho das folhas. A) Forte intensidade da coloração antociânica da bainha da folha; **B)** Intensidade muito forte da coloração antociânica da

bainha da folha; **C)** Presença da aurícula da folha; **D) Aurícula** incolor; **E)** Aurícula de cor púrpura clara; **F)** Aurícula de cor púrpura; **G) Presença** de colarinho; **H)** Sem cor antociânica no colarinho; **I)** Presença de cor antociânica no colarinho.

3.2.2.14. Folha: Forma da lígula

A forma da lígula da folha foi classificada como truncada, aguda e dividida. A observação da forma da lígula da folha foi feita na fase de arranque e a observação foi feita visualmente através da observação da lígula da folha individual. Todas as 132 cultivares locais mostraram lígula com forma dividida (Tabela 3.1; Fig. 3.4B).

3.2.2.15. Folha: Cor da lígula

Das 132 cultivares locais, 119 possuíam lígula foliar de cor branca [Bonnidhan, Kalobhog, Tarapakari, Sada Mala, Kaike, Malbati, Dhyapa, Mangamuthi, Sadabhatkalo, Kaloboichi etc. (Quadro 3.1; Fig. 3.4C)], oito possuíam lígula foliar de cor púrpura clara [Uttar Banga Local-3-1, Garu Chakhua, Dubari Komal, Chakhao Amubi, Chakhao-Selection-1 etc. (Quadro 3.1; Fig. 3.4D)] e cinco possuíam lígula foliar de cor púrpura [Kharadhan, Chakhao-Selection-2, Chakhao Poireiton, Chakhao Angangbi, Chakhao Sempak (Quadro 3.1; Fig. 3.4E)]. A cor da lígula é uma boa marca de identificação de uma variedade de arroz.

3.2.2.16. Caule: Atitude

A observação da atitude do caule foi efectuada na fase de arranque e a observação foi feita visualmente através da observação de cada planta. De acordo com a classificação do PPV & FRA (2007), a atitude do caule tem quatro categorias, nomeadamente, ereto, semi-ereto, aberto e espalhado. Das 132 cultivares locais, 53 mostraram atitude de caule ereto [Tarai Research Society-3, Kashiya Binni, Uttar Banga Local- 13, Seshphal, Panikuthi Shyamlal, Laldhyapa, Jaldhyapa etc.] (Quadro 3.1; Fig. (Quadro 3.1; Fig. 3.4F)], 51 eram semi-erectas [Khaiyamdhan, Uttar Banga Local-9, Tulsimukul, Sitalkuchi-5, Sitalkuchi-6, Ladu, Baigonbuchi, Baigonmacchua, Chakhao Sempak etc.]. (Quadro 3.1; Fig. 3.4G)], 21 estavam abertas [Radhatilak-2, Beto, Chakhao Poireiton, Phorenmubi, Bitti, Kalshepa, Jailung Lal Komal, Marichsal, Radhatilak, Beto, Chakhao Poireiton etc.]. (Quadro 3.1; Fig. 3.4H)] e apenas sete mostraram um tipo de atitude de caule que se espalha [Munimahuauri, Kagey, Fudugey, Bonnidhan, Jashoya, Uttar Banga Local-3-1 etc. (Quadro 3.1; Fig. 3.41)].

Fig. 3.4. Ligadura da folha e atitude do caule. A) Presença de lígula foliar; **B)** Tipo de lígula foliar dividida; **C)** Lígula foliar de cor branca; **D)** Cor púrpura clara da lígula; **E)** Cor púrpura da lígula; **F) Atitude do** colmo do tipo ereto; **G) Atitude do colmo** do tipo semi-ereto;; **H) Atitude do** colmo do tipo aberto; **I)** Atitude do colmo do tipo espalhado.

3.2.2.17. Folha bandeira: Atitude da lâmina (observação inicial)

A atitude da lâmina da folha bandeira foi categorizada como - erecta, semi-erecta, horizontal e caída. Out of 132 local cultivars, 109 showed erect type of attitude of flag leaf blade (Table 3.1; Fig. 3.5A&B), such as, Khaiyamdhan, Uttar Banga Local-9, Tarai Research Society-3, Tulsimukul, Kashiya Binni, Uttar Banga Local-13, Radhatilak-2, Sitalkuchi-6, Tarai Research Society-2 etc.23 eram semi-erectas (Quadro 3.1; Fig. 3.5C), por exemplo, Beto, Maitee, Uttar Banga Local -10, Tulaipanji, Bitti, Jhapaka, Kalakali, Singara, Kalturey, Sial Bhomra, etc. Não foram encontrados tipos de atitude horizontal e caída da lâmina da folha bandeira.

3.2.2.18. Espiguetas: Densidade de pubescência de Lemma

A densidade da pubescência do lema foi classificada como ausente, fraca, média, forte e muito forte. Todas as cultivares locais mostraram a presença de pubescência do lema em densidades variáveis (Quadro 3.1). Thirty local cultivars showed weak pubescence of lemma (Tulsimukul, Chakhao Sempak, Chakhao Angangbi, Maitee, Kalokhasha, Chakhao-Selection-1, Kalobhog, Jaldhyapa-AD etc.), 42 de pubescência média (Khaiyamdhan, Kashiya Binni, Radhatilak-2, Chakhao Poireiton, Baigonbuchi, Panikuthi Shyamlal, Baigonmacchua, Phorenmubi, Pahariboichi-selection, Jaldhyapa-2, etc.), 40 de pubescência forte e 20 de pubescência média.), 40 apresentaram uma pubescência forte e 20 uma pubescência muito forte do lema (Bora, Seshphal, Ladu, Laldhyapa, Dudheswar, Binni, Dudhekalam Motajoswa, Kharadhan, Chinakamani, Chakhao Amubi, etc.).

3.2.2.19. Esterilidade masculina

A esterilidade ocorre nos órgãos reprodutivos em diferentes estágios de desenvolvimento, seja como aberrações morfológicas ou distúrbios fisiológicos do processo reprodutivo. A esterilidade morfológica inclui sacos de anteras vazios, substituição do estigma por estames supranumerários, substituição de pistilos e estames por glumas e outras malformações (Chang *et al.*, 1965). A esterilidade masculina é um carácter importante que pode ser utilizado na produção de sementes de arroz híbrido. A observação deste carácter foi feita quando a antese estava a meio e a observação foi registada através de uma única observação de um grupo de plantas. Em geral, as variedades cultivadas, incluindo as cultivares locais, são férteis ao macho. No presente estudo, nenhuma das FV foi encontrada com esterilidade masculina (Tabela 3.1; Fig. 3.5D).

Tabela 3.1. Variabilidade nos caracteres qualitativos das variedades dos agricultores

Sl	Characters	Classification	No	Sl	Characters	Classification	No
1.	Coleoptiles: Colour	Colourless	132	11.	Leaf: Anthocynin colouration of collar	Absent	118
		Green	0			Present	14
		Purple	0	12.	Leaf: Ligule	Absent	0
2.	Basal leaf: sheath colour	Green	110			Present	132
		Light Purple	17	13.	Leaf: Shape of ligule	Truncate	0
		Purple lines	4			Acute	0
		Uniform purple	1			Split	132
3.	Leaf: Intensity of green colour	Light	11	14.	Leaf: Colour of ligule	White	119
		Medium	43			Light purple	8
		Dark	78			Purple	5
4.	Leaf: Anthocyanin colouration	Absent	127	15.	Culm: attitude	Erect	53
		Present	5			Semi-erect	51
5	Leaf: Distribution of anthocyanin colouration	On tips only	1			Open	21
		In blotches only	2			Spreading	7
		On margins only	1				
		Uniform	1	16.	Flag Leaf: attitude of blade (early)	Erect	109
6	Leaf sheath: anthocyanin colouration	Absent	105			Semi-erect	23
		Present	27			Horizontal	0
7.	Leaf sheath: Intensity of anthocyanin colouration	Very Weak	6			Drooping	0
		Weak	12	17.	Spikelet: Density of pubescence of lemma	Absent	0
		Medium	6			Weak	30
		Strong	2			Medium	42
		Very Strong	1			Strong	40
8.	Leaf: Pubescence of blade surface	Absent	0			Very strong	20
		Weak	5	18.	Male sterility	Absent	132
		medium	31			Present	0
		strong	78	19.	Lemma: Anthocyanin colouration of keel	Absent/Very weak	57
		Very strong	18			Weak	18
9.	Leaf: Auricle	Absent	0			Medium	13
		Present	132			Strong	24
10.	Leaf: Anthocynin colouration of auricle	Colourless	119			Very Strong	20
		Light purple	8	20	Leaf: Collar	Absent	0
		Purple	5			Present	132

Fig. 3.5. Atitude da lâmina foliar e coloração antociânica da quilha. A) Atitude da lâmina do tipo ereto; **B)** Atitude da lâmina do tipo ereto; **C)** Atitude da lâmina do tipo semi-ereto; **D)** Ausência de esterilidade masculina; **E)** Ausência de coloração antociânica muito fraca da quilha; **F) Coloração** antociânica fraca da quilha; **G)** Coloração antociânica média da quilha; **H)** Coloração antociânica forte da quilha; **I)** Coloração antociânica muito forte da quilha; **J) Sem coloração antociânica do** lema na zona abaixo do ápice e Sem coloração antociânica do lema no ápice; **K) Coloração antociânica** fraca do lema na zona abaixo do ápice; **L)** Coloração antociânica média do lema na zona abaixo do ápice.

3.2.2.20. Lema: Coloração antociânica da quilha

Esta variou entre ausente ou muito fraca, fraca, média, forte e muito forte (PPV & FRA, 2007). Cinquenta e sete cultivares locais foram consideradas ausentes/muito fracas na coloração antociânica da quilha [Tarai Research Society-2, Sada Nunia, Mohanbhog, Badshabhog, Jhagarikartik, Kataribhog, Kabra, Sada Mala, Malbati etc. (Quadro 3.1; Fig. 3.5E)], 18 apresentavam uma coloração antociânica fraca [Boichi, Hatidat Komal, Kauka, Kharadhan, Jonroi Buna, Kalodhyapa etc. (Quadro 3.1; Fig. 3.5F)], 13 eram médias [Khama, Kaike, Chakhao-Selection-1, Laldhyapa, Chakhao Sempak, Jailung Lal Komal, Kalalkali etc. (Quadro 3.1; Fig. 3.5G)], 24 eram fortes [Tarapakri, Bora, Sial Bhomra, Binni, Tarapakari, Chakhao Amubi, Chapka Chakhao, Beto, Phorenmubi etc. (Quadro 3.1; Fig. 3.5H)] e 20 apresentaram uma coloração muito forte de antocianina na quilha [Tulsibhog, Kola Joha-Big, Bonnidhan, Kalobhog, Jashoya, Uttar Banga Local-6, Sitalkuchi-4,

Chakhao-Selection-2, Sitalkuchi-3, Khaiyamdhan, Tulsimukul, Chakhao Poireiton etc. (Quadro 3.1; Fig. 3.5I)].

3.2.21. Lema: Coloração antociânica da zona abaixo do vértice

A coloração antociânica da área abaixo do ápice foi classificada como ausente, fraca, média, forte e muito forte (PPV & FRA, 2007). Das 132 cultivares locais, 58 não apresentavam coloração antociânica na zona abaixo do ápice (Quadro 3.2.; Fig. 3.5J), tais como Sada Nunia, Mohanbhog, Badshabhog, Jhagarikartik, Kataribhog, Kabra, Khasa, Biroi, Silathia Bora, Uttar Banga Local-9, Tarai Research Society-3, Radhatilak-2, etc. Treze apresentaram uma fraca coloração antociânica (Quadro 3.2; Fig. 3.5K), por exemplo, Hatidat Komal, Kashiya Binni, Baigonmacchua, Tarai Research Society-2, Kharadhan, Chinakamani, Jonroi Buna, Uttar Banga Local-5, Singara, Birali, etc.

Catorze eram médias (Quadro 3.2.; Fig. 3.5L), tais como, Khama, Beto, Laldhyapa, Kauka-Selection, Kalodhyapa, Chakhao-Selection-1, Chapka Chakhao, Kaike, Uttar Banga Local-3, Garu Chakhua etc. Vinte e sete eram fortes (Quadro 3.2.; Fig. 3.6A), nomeadamente, Bora, Sial Bhomra, Uttar Banga Local-13, Sitalkuchi-5, Ladu, Sitalkuchi-6, Phorenmubi, Binni, Uttar Banga Local-12, Sitalkuchi-1, Chakhao Amubi, Chakhao-Selection-2, Kalokhasha, etc.; e 20 eram muito fortes (Quadro 3.2.; Fig. 3.6B).As variedades Khaiyamdhan, Tulsimukul, Chakhao Poireiton, Dudheswar, Chakhao Angangbi, Sitalkuchi-4, Sitalkuchi-3, Tarapakari, etc., foram consideradas como tendo uma coloração antociânica muito forte na zona abaixo do ápice (Quadro 3.2.; Fig. 3.6B).

Fig. 3.6. Cor antociânica da zona abaixo do ápice e do ápice. A) Coloração antociânica forte do lema na zona abaixo do ápice; **B)** Coloração antociânica muito forte do lema na zona abaixo do ápice; **C)** Sem coloração antociânica do lema no ápice; **D)** Coloração antociânica fraca do lema no ápice; **E)** Coloração antociânica média do lema no ápice; **F)** Coloração antociânica forte do lema no ápice; **G)** Coloração antociânica muito forte do lema no ápice.

1.1.1.22. Lema: Ápice de coloração das antocianinas

A observação deste carácter foi feita quando a antese estava a meio e a observação foi feita por avaliação visual através da observação do ápice individual do lema. Este carácter foi classificado como ausente, fraco, médio, forte e muito forte (PPV & FRA, 2007). Cinquenta e cinco cultivares locais não apresentaram coloração antociânica no ápice (Tabela 3.2; Fig. 3.6C), tais como, Kagey, Tulaipanji, Bitti, Dudheswar-AD, Gobindobhog, Sada Nunia, Mohanbhog, Badshabhog, Jhagarikartik etc., 15 eram fracos, nomeadamente (Quadro 3.2; Fig. 3.6D), Singara, Birali, Kauka, Uttar Banga Local-5, Kharadhan, Chinakamani, Radhatilak, Birali-Selection, Jonroi Buna, Chapka Chakhao, Kashiya Binni, etc., 11 eram médios [Fudugey, Garu Chakhua, Jhapaka, Hatidat Komal,

Khama, Laldhyapa, Konkoni Joha, Kalakali, etc. (Quadro 3.2; Fig. 3.6E)], 26 apresentaram uma forte [Malshira, Phoolpakari, Boichi, Kalturey, Sial Bhomra, Bora, Kaike, Kauka-Selection, Chakhao Amubi, Kalokhasha, etc. (Quadro 3.2; Fig. 3.6F)] e 25 apresentaram uma coloração antociânica muito forte no ápice [Kalojeera, Kalshepa, Kola Joha-Small, Kalo Nunia, Ghee Bora, Kola Joha-Big, Tarapakari, Bonnidhan, Kalobhog, Jashoya, Tulsimukul etc. (Quadro 3.2; Fig. 3.6G)].

1.1.1.23. Espiguetas: Cor do estigma

A maioria das variedades apresentou estigma de cor branca, ou seja, 118 cultivares locais tinham estigma de cor branca (Quadro 3.2; Fig. 3.7A), tais como, Khaiyamdhan, Tulsimukul, Kashiya Binni, Ladu, Laldhyapa, Badshabhog, Gobindobhog, Binni, Khasa, Dubari Komal, Tulaipanji, Rampha etc. Apenas duas tinham estigma de cor púrpura clara, nomeadamente, Chakhao Poireiton, Konkoni Joha (Quadro 3.2; Fig. 3.7B) e 12 tinham estigma de cor púrpura [Sitalkuchi-5, Jashoya, Ronga Komal, Kharadhan, Jonroi Buna, Chakhao Amubi, Jaldhyapa-3 etc. (Quadro 3.2; Fig. 3.7C)].

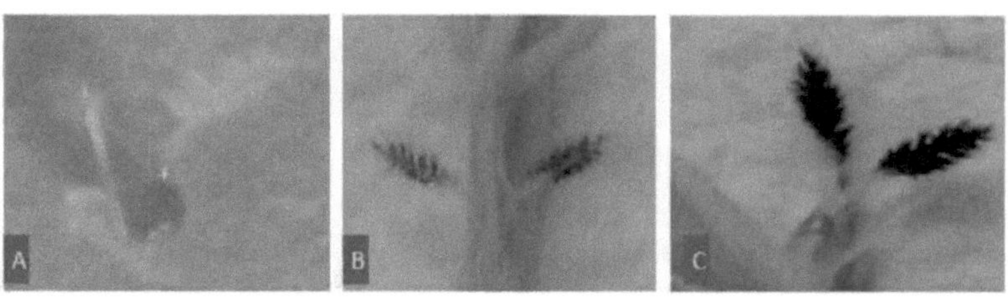

Fig. 3.7. Cor do estigma. A) Estigma de cor branca; **B)** Estigma de cor púrpura clara; **C)** Cor púrpura clara do estigma

1.1.1.24. Caule: Coloração antociânica do nó

A cor antociânica do nó foi considerada como ausente ou presente. A maioria das variedades não tinha coloração antociânica nos nós. De 132 cultivares locais, 122 não tinham coloração antociânica dos nós (Tabela 3.2; Fig. 3.8A), tais como Khaiyamdhan, Uttar Banga Local-9, Tarai

Research Society-3, Tulsimukul, Kashiya Binni, Uttar Banga Local-13, Radhatilak-2, Beto, Seshphal, Sitalkuchi-5, Ladu, Binni, Konkoni Joha, Khasa etc. Apenas 10 cultivares locais mostraram a presença de coloração antociânica dos nós (Quadro 3.2; Fig. 3.28B), nomeadamente, Chakhao Poireiton, Chakhao Sempak, Silathia Bora, Marichsal, Ghee Bora, Hatidat Komal, Kauka, Khama, Jashoya, Uttar Banga Local-3-1.

1.1.1.25. Caule: Intensidade da coloração antociânica do nó

A intensidade da coloração antociânica do nó do arroz variou entre fraca, média e forte em todas as variedades. Das 132, 10 cultivares locais que apresentaram coloração antociânica dos nós foram classificadas em três tipos: fraca, média e forte. Três tinham uma intensidade fraca de coloração do nó (Chakhao Poireiton, Marichsal, Khama), duas eram médias (Chakhao Sempak, Kauka) e cinco tinham uma intensidade forte de coloração dos nós [Silathia Bora, Ghee Bora, Hatidat Komal, Uttar Banga Local-3-1 (Quadro 3.2; Fig. 3.8C&D)].

1.1.1.26. Caule: Coloração antociânica dos entrenós

A cor antociânica do entrenó foi considerada como ausente ou presente. Das 132 cultivares locais, apenas 11 cultivares locais apresentaram coloração antociânica nos entrenós (Tabela 3.2; Fig. 3.8D), tais como Chakhao Angangbi, Dubari Komal, Silathia Bora, Jonroi Buna, Chakhao Amubi, Kalojeera, Ghee Bora, Hatidat Komal etc.

1.1.1.27. Folha bandeira: Atitude da lâmina (observação tardia)

Trinta e três cultivares locais apresentaram um tipo de atitude erecta da lâmina (quadro 3.2), tais como Bonnidhan, Kaike, Uttar Banga Local-5, Sadamala, Kaloboichi, Tarai Research Society-1, Tarai Research Society-4, Pahariboichi, Betho, Hatidat Komal, Mohanbhog, etc, 87 eram semi-erectas (Tarapakari, Kalobhog, Jashoya, Malbati, Dhyapa, Uttar Banga Local-3, Uttar Banga Local-15, Mangamuthi, Uttar Banga Local-6, Jasawa-AD), oito eram horizontais (Kola Joha-Big, Kauka, Bora, Khama, Sitalkuchi-1, Singara, Kola Joha-Small) e apenas quatro apresentavam uma atitude de inclinação da lâmina (Kabra, Jhapaka, Chakhao Poireiton, Maitee).

1.1.1.28. Panícula: Curvatura do eixo principal

Para estudar a individualidade, a curvatura do eixo principal da panícula foi classificada como reta, semirreta, deflectida e descaída. Apenas três cultivares locais, nomeadamente, Thuri, Uttar Banga Local-7 e Uttar Banga Local -14 apresentaram curvatura reta do eixo principal da panícula (Quadro 3.2; Fig. 3.8E); 30 apresentaram curvatura semirreta do eixo principal da panícula (Quadro 3.2; Fig. 3.8F), tais como, Khaiyamdhan, Beto, Sitalkuchi-5, Sitalkuchi-6, Panikuthi Shyamlal, Baigon Macchua etc.; 40 apresentaram curvatura deflexa do eixo principal da panícula (Quadro 3.2; Fig. 3.8F).40 apresentaram curvatura do eixo principal da panícula do tipo deflexo (Quadro 3.2; Fig. 3.8G), por exemplo, Tarai Research Society-3, Seshphal-8, Ladu, Laldhyapa, Chakhao Sempak, Phorenmubi, Lagidhan etc.As espécies Tulsimukul, Kashiya Binni, Uttar Banga Local -13, Radhatilak- 2, Chakhao Poireiton, Tarai Research Society -2, etc., e 59 apresentaram um tipo de curvatura da panícula do eixo principal que se inclina (Quadro 3.2; Fig. 3.8H).

1.1.1.29. Espiguetas: Cor da ponta do lema

Das 132 cultivares locais, nenhuma foi encontrada com espiguetas de cor branca na ponta do lema. Trinta e cinco cultivares locais (tais como, Singara, Tulaipanji-AD, Gobindobhog, Kagey, Uttar Banga Local-17, Phoolpakari-1, Uttar Banga Local-2, Khasa, Dudheswar-AD, Biroi, Jailung Lal Komal etc.) mostraram a cor amarela da ponta da espigueta do lema (Tabela 3.2; Fig. 3.9A), 27 apresentaram espiguetas de cor castanha na ponta do lema, nomeadamente Birali, Tulaipanji, Bitti, Uttar Banga Local-7, Tarai Research Society-3, Uttar Banga Local-18, Baigonmacchua, Tarai Research Society-2, Chinakamani, Thuri, etc. (Quadro 3.2), 24 apresentaram espiguetas de cor vermelha na ponta do lema [por exemplo, Munimahuauri, Fudugey, Malshira, Rampha, Lagidhan, Ronga Komal, Khaiyamdhan, Kashiya Binni, Radhatilak-2 etc. (Quadro 3.2; Fig. 3.9B)], 22 apresentaram espiguetas de cor púrpura na ponta do lema [Kalturey, Garu Chakhua, Kalshepa, Jhapaka, Silathia Bora, Marichsal, Radhunipagal, Beto, Sitalkuchi- 5, Chakhao Poireiton, Sitalkuchi-6, Chakhao Sempak etc. (Quadro 3.2; Fig. 3.3)]. (Quadro 3.2; Fig. 3.9C)] e 24 apresentaram espiguetas de cor preta na ponta do lema [Kalo Nunia, Ghee Bora, Kalojeera, Tulsimukul, Uttar Banga Local-13, Phorenmubi, Dudheswar, Chakhao Angangbi, Sitalkuchi-4 etc. (Quadro 3.2; Fig. 3.9D)].

Fig. 3.8. Cor da antocianina do nó, cor da antocianina do entrenó e curvatura da panícula. A) Sem cor de antocianina do caule nos nós; **B) Cor de** antocianina dos nós; **C)** Sem cor de antocianina do caule nos entrenós; **D) E)** Curvatura do eixo principal de tipo ereto; **F)** Curvatura do eixo principal de tipo semi-ereto; **G)** Curvatura do eixo principal de tipo semi-ereto a alastrante; **H)** Curvatura do eixo principal de tipo alastrante.

1.1.1.30. Lemma e Palea: Cor

Vinte e uma cultivares locais apresentaram cor de palha no lema e na pálea (Quadro 3.2; Fig. 3.9E), tais como, Singara, Tulaipanji-AD, Gobindobhog, Kagey, Uttar Banga Local-17, Phoolpakari-1, Uttar Banga Local-2, Khasa, Dudheswar-AD, Biroi, Jailung Lal Komal etc.35 foram encontrados sulcos dourados e dourados em fundo de palha lemma e palea colur [Sada Mala, Uttar Banga Local-5, Malbati, Dhyapa, Uttar Banga Local-11, Uttar Banga Local-16, Pahriboichi, Kauka, Mohanbhog, Uttar Banga Local-9, Badshabhog, Uttar Banga Local-10 etc. (Quadro 3.2; Fig. 3.9F)]; oito foram detectadas manchas castanhas no lema da palha e no colúmen da pálea [Jaldhyapa-AD, Betho, Sitalkuchi-2, Tarai Research

Society-3, Dubari Komal, Biroi, Silathia Bora, Kaloboichi) (Quadro 3.2; Fig. 3.9G); três foram detectados sulcos castanhos no lema da palha e no colúmen da pálea (Khama, Baigonmacchua, Konkoni Joha, etc.) (Quadro 3.2; Fig. 3.9G). (Quadro 3.2; Fig. 3.9H)], 26 foram encontrados com lemma e palea colur avermelhados a púrpura claro, nomeadamente (Quadro 3.2; Fig. 3.91), Tarapakari, Kaike, Uttar Banga Local-3, Jasawa-AD, Tarai Research Society- 4, Sial Bhomra, Uttar Banga Local-12, Chakhao-Selection-1, Phoolpakari-2, etc., 23 foram encontradas manchas roxas no lema da palha e no colur da pálpea [Bonnidhan, Jashoya, Uttar Banga Local-15, Bora, Uttar Banga Local-13, Sitalkuchi-5, Sitalkuchi-6, Phorenmubi etc. (Quadro 3.2; Fig. 3.9J)], seis foram encontradas manchas roxas no lema e na pálpea (Quadro 3.2; Fig. 3.9K), tais como, Uttar Banga Local-6, Satia, Sitalkuchi-3, Chakhao Poireiton, Chakhao Sempak, Ghee Bora e 10 foram encontrados com coloração preta do lema e palea (Tabela 3.2; Fig. 3.9L), por exemplo, Kalobhog, Tulsibhog, Kola Joha-Big, Sitalkuchi-4, Kalojeera, Tulsimukul, Dudheswar, Kolajoha-pequena etc.).

1.1.1.31. Panícula: Awns

Das 132 cultivares locais, 100 não tinham toldos (Fig. 10A). Apenas trinta e duas cultivares locais (Ghee Bora, Tulaipanji, Kalshepa, Jhapaka, Kalakali, Marichsal, Kashiya Binni, Beto, etc.) foram encontradas com cernelha (Tabela 3.2; Fig. 3.10B). Um bom número de variedades de arroz de alto rendimento e de cultivares locais não tem cernelha (Joshi *et al.*, 2011; Subba Rao *et al.*, 2013; Chakrabarty *et al.*, 2012; Chakravorty e Ghosh, 2012, 2013). Alguns exemplos de variedades de arroz com awn são Machakanta, Karani, Chinger, Kusuma (Subba Rao *et al*, 2013); Pubalgara, Tulsibhog, Chandrakanta, Punjabsal (Chakravorty e Ghosh, 2012, 2013); Kalanamak 3047, Kalanamak 3048, Duraj Gobind Bhog (Joshi *et al.*, 2011); Pusa Basmati -1121, Pusa Sugandh-5, Bindli (Sing *et al.*,2015).

Fig. 3.9. Cor do lema e da pálpebra. A) Ponta do lema de cor amarela; **B) Ponta do lema de** cor vermelha; **C)** Ponta do lema de cor púrpura; **D)** Ponta do lema de cor preta; **E)** Lema e pálpea de cor palha; **F)** Sulcos dourados e dourados no lema e na pálpea sobre fundo de palha; G) Manchas castanhas na palha do lema e da pálpea; **H)** Sulcos castanhos na palha do lema e da pálpea; **I)** Cor avermelhada a púrpura clara do lema e da pálpea; **J)** Manchas/ sulcos púrpura na palha do lema e da pálea; **K)** Cor púrpura do lema e da pálpea; **L)** Cor preta do lema e da pálpea.

1.1.1.32. Panícula: Cor dos toldos (observação tardia)

Das trinta e duas cultivares locais que tinham toldos, foram classificadas com base na cor e, entre elas, cinco cultivares locais (Kaike, Kaloboichi, Uttar Banga Local-19, Tulaipanji, Tulaipanji-AD) apresentaram toldos de cor branca amarelada (Quadro 3.2; Fig. 3.10C), nove (Uttar Banga Local-3-Selection, Sada Nunia, Bora, Kataribhog, Dudhekalam-1, Kashiya Binni, Beto, Dudheswar, Binni) eram castanho-amareladas, três (Sitalkuchi-2, Fudugey, Tarai Research Society- 1) eram castanhas (Quadro 3.2; Fig. 3.10D), quatro (Tarapakari, Tarai Research Society-1, Marichsal, Jhapaka, Ghee Bora) eram castanho-avermelhadas, três eram vermelhas (Kauka, Khama, Malshira), cinco eram roxas claras [Uttar Banga Local-6, Kauka-selection, Chakhao-Selection-2, Kalodhyapa, Kalakali (Quadro 3.2; Fig. 3.10E)] e três apresentaram cor púrpura [Bonnidhan, Uttar Banga Local- 15, Kalshepa (Quadro 3.2; Fig. 3.10F)].

1.1.1.33. Panícula: Distribuição dos toldos

Na maior parte dos casos, o número de cultivares locais objeto do estudo revelou uma distribuição de cerdas apenas nas pontas da panícula. Das 32 cultivares locais com toldos, 17 cultivares locais mostraram a sua distribuição de toldos apenas nas pontas (Quadro 3.2; Fig. 3.10G), nomeadamente, Ghee Bora, Malshira, Kalshepa, Kalakali, Kashiya Binni, Dudheswar, Chakhao-Selection-2, Kalodhyapa, Sitalkuchi-2, etc.), sete apresentaram uma distribuição da coroa apenas na metade superior [Fudugey, Marichsal, Binni, Beto, Dudhekalam-1, Kataribhog (Quadro 3.2; Fig. 3.10H)] e oito apresentaram distribuição de cerdas em todo o comprimento da panícula (Quadro 3.2; Fig. 3.101), tais como, Tulaipanji-AD, Tulaipanji, Kauka-selection, Uttar Banga Local-19, Kauka, Khama, Tarapakari, Kaike.

1.1.1.34. Panícula: Presença de ramificação secundária

A observação da presença de ramos secundários numa panícula foi efectuada na fase de maturação (espiguetas terminais amadurecidas) e a observação foi feita por avaliação visual através de uma única observação de um grupo de panículas. A observação da presença de ramos secundários numa panícula foi considerada como ausente ou presente.

1.1.1.35. Panícula: Ramificação secundária

A extensão da ramificação secundária numa panícula foi classificada como fraca, forte e agrupada. No presente estudo, a maioria das cultivares locais apresentou forte ramificação secundária nas panículas (Fig. 11C). Trinta e duas cultivares locais mostraram ramificação secundária fraca da panícula [Bonnidhan, Uttar Banga Local-6, Kaloboichi, Tarai Research Society-4, Tulsibhog, Bora, Phoolpakari-2, Beto, Khaiyamdhan, Uttar Banga Local-9 etc. (Tabela 3.2; Fig. 3.11A)], 99 cultivares locais mostraram ramificação secundária média da panícula (Tabela 3.2), tais como, Tarapakari, Uttar Banga Local-5, Kaike, Kalobhog, Sada Mala, Jashoya, Malbati, Dhyapa, Uttar Banga Local-3, Uttar Banga Local-15, Betho, Mangamuthi, Sadabhatkalo etc., e apenas uma FV, nomeadamente Thuri, apresentou ramificação secundária em cacho da panícula (Quadro 3.2; Fig. 3.11D).

Fig. 3.10. Características da cernelha. **A)** Ausência de cernelha; **B)** Presença de cernelha; **C)** Cor branca amarelada da cernelha; **D)** Cor castanha da cernelha; **E)** Cor púrpura clara da cernelha; **F)** Cor púrpura da cernelha; **G)** Distribuição da cernelha apenas nas pontas da panícula; **H)** Distribuição da cernelha na metade superior da panícula; **I)** Distribuição da cernelha em todo o comprimento da panícula.

1.1.1.36. Panícula: Atitude dos ramos

A atitude dos ramos na panícula foi classificada em cinco categorias, tais como, ereto, ereto a semi-ereto, semi-ereto, semi-ereto a espalhado e espalhado. Das 132 cultivares locais, apenas três cultivares locais (Hatidat Komal, Uttar Banga Local-7, Uttar Banga Local-14, Garu Chakhua) mostraram o tipo ereto de atitude dos ramos na panícula (Tabela 3.2), 20 eram do tipo ereto a semi-ereto [Kauka, Bora, Thuri, Chakhao-Selection-2, Ayangleima Phou, Sitalkuchi-3, Chakhao-Selection-1, Seshphal, Chakhao Poireiton, Sitalkuchi-6, Chakhao Sempak, Binni etc. (Quadro 3.2; Fig. 3.11E)], 20 eram do tipo semi-ereto [Sial Bhomra, Khama, Sitalkuchi-1, Khaiyamdhan, Tarai Research Society-3, Beto, Ladu, Baigonmacchua, Chakhao Angangbi, Marichsal, Ronga Komal, etc. (Quadro 3.2; Fig. 3.11F)], 80 eram do tipo semi-ereto a extensivo (Quadro 3.2; Fig. 3.11G), tais como, Sada Nunia, Tulsibhog, Kola Joha-Big, Uttar Banga Local -8, Mohanbhog, Uttar Banga Local-12, Badshabhog, Uttar Banga Local-9, Jhagarikartik, Kabra, Kharadhan, Radhatilak-1, Chinakamani, etc., e apenas nove mostraram um tipo de atitude de panícula de ramos [Kataribhog, Biroi, Poolpakari-2, Malshira,

Poolpakari, Kalojeera etc. (Quadro 3.2; Fig. 3.11H)].

1.1.1.37. Panícula: Exercício

O grau de esforço da panícula foi classificado como - parcialmente exercido (a panícula está parcialmente envolvida pela bainha da folha bandeira), maioritariamente exercido (a base da panícula aparece ao mesmo nível que o topo da bainha da folha bandeira) e bem exercido (a base da panícula está claramente acima da bainha da folha bandeira). No presente estudo, a maioria das cultivares locais enquadrou-se na categoria de panícula bem exercida.

Fig. 3.11. Ramos secundários da panícula e sua atitude. A) Presença de ramos secundários da panícula; **B)** Ramos secundários fracos da panícula; **C)** Ramos secundários fortes da panícula; **D)** Aglomeração de ramos secundários da panícula; **E)** Atitude dos ramos da panícula do tipo ereto; **F)** Atitude dos ramos da panícula do tipo semi-ereto; **G) Atitude dos ramos da panícula do** tipo semi-ereto a espalhado; **H)** Atitude dos ramos da panícula do tipo espalhado.

Tabela 3.2. Variabilidade nos caracteres qualitativos das variedades dos agricultores

Sl	Characters	Classification	No	Sl	Charac.	Classification	No
21	Lemma: Anthocyanin colouration of area below apex	Absent	58	30	Lemma and Palea: Colour	Straw	21
		Week	13			Gold & gold furrows on straw background	35
		Medium	14			Brown spots on straw	8
		Strong	27			Brown furrow on straw	3
		Very Strong	20			brown (tawny)	
22	Lemma: Anthocyanin colouration of apex	Absent	55			Redish to light purple	26
		Week	15			Purple spots/ furrow on straw	23
		Medium	11			Purple	6
		Strong	26			Black	10
		Very Strong	25	31.	Panicle: awns	Absent	100
23	Spikelet: Colour of stigma	White	118			Present	32
		Light green		32.	Panicle: colour of awn (late observation)	Yellowish white	5
		Yellow				Yellowish brown	9
		Light purple	2			Brown	3
		Purple	12			Redish brown	4
24	Stem: Anthocyanin colouration of nodes	Absent	122			Light red	
		Present	10			Red	3
25	Stem: Intensity of anthocyanin colouration of nodes	Week	3			Light purple	5
		Medium	2			Purple	3
		Strong	5			Black	0
26	Stem: Anthocyanin colouration of inter-nodes	Absent	121	33.	Panicle: distribution of awn	Tip only	17
		Present	11			Upper half only	7
27	Flag leaf: attitude of blade (late observation)	Erect	33			Whole length	8
		Semi-erect	87	34.	Panicle: Presence of Secondary Branch	Absent	0
		Horizontal	8			Present	132
		Drooping	4	35.	Panicle: Secondary Branching	Weak	32
28	Panicle: Curvature of main axis	Straight	3			Strong	99
		Semi Straight	30			Clustered	1
		Deflexed	40	36.	Panicle: Attitude of	Erect	3
		Drooping	59			Erect to semi-	20

					branching	erect	
29	Spikelet: Colour of tip of lemma	White	0			Semi-erect	20
		Yellow	35			Semi-erect to spreading	80
		Brown	27			Spreading	9
		Red	24	37.	Panicle: Exertion	Partially exerted	0
		Purple	22			Mostly exerted	22
		Black	24			Well exerted	110

Fig. 3.12. Esforço da panícula e senescência das folhas. A) Panícula pouco exercitada; **B)** Panícula bem exercitada; **C) Senescência foliar** precoce; **D) Senescência** média das folhas; **E) Senescência** tardia das folhas.

1.1.1.38. Folha: Senescência

Com base na altura da senescência das folhas, esta foi categorizada em três classes, como precoce, média e tardia (PPV & FRA, 2007). Quinze cultivares locais mostraram senescência precoce das folhas (Tabela 3.3; Fig. 3.12C), tais como, Ghee Bora, Malshira, Silathia Bora, Jailung Lal Komal, Jaldhyapa-3, Uttar Banga Local-5, Kaike, Dhyapa, Jhagarikartik etc., 95 apresentaram uma categoria média de senescência das folhas [(Singara, Birali, Kola Joha-Small, Kalturey, Tulaipanji, Gobindobhog, Kagey, Uttar Banga Local-17, Munimahuauri, Kalojeera, Kalshepa, Dudheswar-AD etc. (Quadro 3.3; Fig. 3.12D)] e 22 mostraram senescência tardia das folhas [Dudhekalam-9, Boichi, Biroi, Chakhao Angangbi, Jaldhyapa- 2, Chakhao-Selection-3, Thuri, Sitalkuchi-4, Kabra, Sitalkuchi-1, Betho etc. (Quadro 3.3; Fig. 3.12E)].

1.1.1.39. Lema estéril: cor

A cor do lema estéril foi classificada como palha, dourada, vermelha e púrpura. No entanto, no nosso estudo, registámos algumas cultivares locais com lema estéril de cor branca. No presente estudo, de 132 cultivares locais, 13 mostraram lema estéril de cor branca (Tabela 3.3; Fig. 3.13A), nomeadamente, Malshira, Dudheswar-AD, Uttar Banga Local-12, Lagidhan, Khaiyamdhan Uttar Banga Local-9 etc.; 68 mostraram lema estéril de cor palha (Tabela 3.3; Fig. 3.13B), tais como, Baigonbuchi, Ronga Komal, Kashiya Binni, Mangamuthi, Thuri, Baigonmacchua, Kaike, Panikuthi Shyamlal, Kataribhog, Khasa, Ayangleima Phou, Kabra, Mohanbhog etc.; nove apresentaram coloração dourada do lema estéril (Quadro 3.3; Fig. 3.13C), tais como, Dudhekalam-1, Uttar Banga Local-19, Chapka Chakhao, Laldhyapa, Seshphal, Sitalkuchi-1 etc.; sete apresentaram coloração vermelha do lema estéril (Quadro 3.3; Fig. 3.13D), tais como, Radhatilak-1, Rampha, Radhatilak-2, Kauka- Selection, Boichi, Chinakamani etc.; e 35 mostraram coloração púrpura do lema estéril [Tulsibhog, Kalojeera, Bora, Chakhao Amubi, Ghee Bora, Hatidat Komal, Chakhao Poireiton, Kalo Nunia etc. (Quadro 3.3;Fig. 3.13E)].

1.1.1.40. Grão descorticado: Forma (em vista lateral)

Das 132 cultivares locais, nenhuma delas apresentou grãos decorticados de forma delgada curta e delgada extra longa. Quarenta e seis cultivares locais apresentaram forma delgada curta de grãos decorticados, tais como, Kola Joha, Kagey, Kalojeera, Bitti, Boichi, Konkoni Joha, Khasa, Ronga Komal, Radhunipagal etc.; 18 cultivares locais foram delgados médios, tais como, Birali, Kalo Nunia, Gobindobhog, Munimahuauri, Malshira, Kalshepa, Marichsal etc.; 54 cultivares locais foram longos ousados, por exemplo, Singara, Ghee Bora, Fudugee Bora, Fudugee Bora, Fudugee Bora etc.54 cultivares locais eram longas e arrojadas, como, por exemplo, Singara, Ghee Bora, Fudugey, Uttar Banga Local-2, Uttar Banga Local-7, Garu Chakhua, Dudhekalam-9, etc.; e 14 cultivares locais mostravam forma longa e delgada de grãos decorticados, como, por exemplo, Uttar Banga Local-17, Tulaipanji, Uttar Banga Local-14, Dudheswar-AD, Rampha, Biroi, etc.

Fig. 3.13. Cor do lema estéril e do grão decorticado. **A)** Cor branca do lema estéril; **B)** Cor palha do lema estéril; **C)** Cor dourada do lema estéril; **D) Cor** vermelha do lema estéril; **E)** Cor púrpura do lema estéril; **F)** Diferentes tipos de forma do grão decorticado (curto ousado, médio delgado, longo ousado e longo delgado; **G)** Cor branca do grão decorticado; **H)** Cor castanha clara do grão decorticado; **I)** Cor castanha escura do grão decorticado; **J) Cor do grão decorticado** vermelho; **K) Cor do grão decorticado** roxo; **L)** Cor do grão decorticado verde claro

1.1.1.41. Grão descorticado (cor)

No presente estudo, das 132 cultivares locais, 7 apresentaram grãos decorticados de cor verde-clara [Uttar Banga Local-13, Uttar Banga Local-12, Kola Joha-Small, Kola Joha-Big, Kalobhog, Kalojeera e Radhunipagal (Tabela 3.3; Fig. 3.13L], 47 apresentavam uma coloração de grãos brancos decorticados [Ghee Bora, Tulaipanji, Gobindobhog, Kola Joha-Small, Munimahuauri, Uttar Banga Local-17, Malshira, Seshphal, etc. (Quadro 3.3; Fig. 3.13G)], 34 eram castanhas claras (Quadro 3.3; Fig. 3.13H), tais como, Kalo Nunia, Rampha, Phoolpakari, Uttar Banga Local-2, Uttar Banga Local-7, Kalakali, Dudhekalam-9, Khasa, Baigonmacchua etc.; sete eram castanhas variegadas, e sete eram castanhas com um tom de verde.sete eram castanhas variegadas (Konkoni Joha, Khaiyamdhan, Tarai Research Society-3, Chinakamani, Kalo Khasha, etc.), 13 eram castanhas escuras [Kalturey, Dubari Komal, Chakhao Sempak, Tarai Research Society-2, Dudheswar, Binni, Sitalkuchi-3, etc.]. (Table 3.3; Fig. 3.13I)], 17 were light red (Singara, Birali, Fudugey, Uttar Banga Local-14, Jhapaka, Silathia Bora, Biroi, Beto etc.), oito eram vermelhas (Quadro 3.3; Fig. 3.13J), nomeadamente Bitti, Kalshepa, Marichsal, Sitalkuchi-2, Kaike, Malbati, Kalo Boichi, Betho; uma era púrpura (Kharadhan) e cinco cultivares locais (Chakhao Poireiton, Chakhao

Angangbi, Chakhao Amubi, Chakhao- Selection-2, Sadabhatkalo) apresentavam uma coloração de grão decorticada púrpura escura (Quadro 3.3; Fig. 3.13K). Não foi encontrado nenhum grão decorticado de cor púrpura variegada.

1.1.1.42. Endosperma: Presença de amilose

A observação da presença de amilose no endosperma foi efectuada no estádio de cariopse dura (já não pode ser amolgada pela unha do polegar e mais de 90% das espiguetas estão maduras) e a observação foi efectuada através da estimativa do teor de amilose após análise química segundo o procedimento de Juliano (1971). A observação da presença de amilose no endosperma foi considerada como ausente ou presente. No presente estudo, verificou-se que todas as 132 cultivares locais tinham amilose no endosperma (Tabela 3.3). Em geral, todas as variedades de arroz mostraram a presença de amilose no endosperma (PPV & FRA, 2007), mas a quantidade variou entre as variedades.

1.1.1.43. Grãos descorticados (Aroma)

O facto de uma variedade ser ou não perfumada pode ser detectado durante a antese, a moagem e/ou a cozedura. A observação do aroma do grão decorticado foi considerada como ausente ou presente, mas na categoria presente também é classificada em dois tipos, tais como - aroma forte e aroma suave. Das 132 cultivares locais, 25 cultivares locais foram consideradas fortemente aromáticas (Quadro 3.3), tais como, Kalo Nunia, Kalobhog-Selection, Badshabhog, Chinakamani, Mohanbhog, Tulaipanji, Kalojeera, Gobindobhog, Tulsibhog, etc.; 23 foram consideradas medianamente aromáticas (Quadro 3.4), mas não foram consideradas aromáticas.23 foram consideradas medianamente aromáticas (Sial Bhomra, Jhagarikartik, Bitti, Sada Nunia, Kataribhog, Khama, Baigonmacchua, Tulaipanji-AD, Uttar Banga Local-19, Laldhyapa, Singara, etc.).); e as restantes 84 eram não aromáticas (Sada Mala, Phoolpakari-1, Phoolpakari-2, Biroi, Kagey, Fudugey, Jhapaka, Radhatilak-AD-1, Radhatilak-2, Tarapakari, etc.).

Tabela 3.3. Variabilidade nos caracteres qualitativos das variedades dos agricultores

Sl	Characters	Classification	No	Sl	Characters	Classification	No
38.	Leaf senescence	Early	15	42.	Decorticated grain: Colour	Light Green	7
						White	40
		Medium	95			Light brown	34
		Late	22			Variegated brown	7
39.	Sterile lemma: colour	White	13			Dark brown	13
		Straw	68			Light red	17
		Gold	9			Red	8
		Red	7			Variegated purple	
		Purple	35			Purple	1
40	Grain: Phenol reaction of lemma	Absent				Dark purple	5
		Present		43.	Endosperm: Presence of amylose	Absent	0
41.	Decorticated grain: Shape (in lateral view)	Short slender	0			Present	132
		Short bold	46	44.	Decorticated grain: Aroma	Absent	98
		Medium slender	18			Present	34
		Long bold	54				
		Long slender	14				
		Extra long slender	0				

1.1.3. Variabilidade baseada em caracteres quantitativos

1.1.3.1. Folha: Comprimento da lâmina

A observação do comprimento das folhas foi efectuada na fase de arranque (PPV & FRA, 2007). Para registar a observação, o comprimento da lâmina foliar foi classificado em três grupos - lâminas foliares curtas, médias e longas. No presente estudo, das 132 cultivares locais, 73 apresentaram comprimento curto da lâmina [Tarai Research Society-3, Uttar Banga Local-13, Beto, Sitalkuchi-5, Chakhao Poireiton, Sitalkuchi-6, Baigonbuchi etc. (Quadro 3.4)], 59 tinham um comprimento médio de lâmina [Khaiyamdhan, Uttar Banga Local-9, Tulsimukul, Kashiya Binni, Seshphal, Ladu, Chakhao Angangbi, Phorenmubi, Munimahuauri, Kagey, Jhapaka, Dudhekalam, Malshira, etc. (quadro 3.4)] e nenhum deles apresentava um comprimento longo de lâmina.

1.1.3.2. Largura da lâmina foliar

A largura da lâmina foliar foi classificada em três grupos - lâminas foliares estreitas, médias e largas. No presente estudo, quase todas as cultivares locais, ou seja, 131, apresentaram largura média da lâmina foliar (Tabela 3.4), apenas uma (Uttar Banga Local-7) apresentou largura larga da lâmina e nenhuma delas apresentou comprimento estreito da lâmina. Descobertas anteriores também mostraram que a largura da lâmina variava entre as variedades de arroz (Subudhi *et al.*, 2012; Chakravorty e Ghosh, 2012, 2013; Subba Rao *et al.*, 2013).

1.1.3.3. Altura do corte (50% das plantas com panículas)

A observação da época da espiga foi efectuada quando metade da inflorescência emergiu da fase de arranque e a observação foi feita por avaliação visual através de uma única observação de um grupo de plantas ou partes de plantas (PPV & FRA, 2007). Dependendo da floração de 50% das plantas da parcela, o momento da colheita foi classificado como - muito precoce (<71 dias), precoce (71-90 dias), médio (90-110 dias), tardio (111-130 dias) e muito tardio (>130 dias). Das 132 cultivares locais, apenas uma FV (Bitti) foi considerada precoce, (Tabela 4.1d) quatro foram médias (Sada Nunia, Bora, Kalturey, Seshphal), 39 tardias (Sial Bhomra, Kataribhog, Singara, Radhatilak, Dharam Phou, Jonroi Buna etc.) e 88 foram consideradas muito tardias.) e 88 muito tardias (Tulsibhog, Birali, Mohanbhog, Satia Badshabhog, Kabra, Khama, etc.). Os resultados de outros investigadores também mostraram que a maioria das cultivares locais se enquadra nas categorias precoce e média (Subba Rao *et al.*, 2013).

1.1.3.4. Espessura do caule

A observação da espessura do caule foi feita na fase de desenvolvimento do leite (formação de seiva branca leitosa dentro das espiguetas) e foi feita medindo a espessura de um número de caules individuais. No presente estudo, 85 cultivares locais foram encontradas com espessura média de caule (Tabela 3.4), tais como, Munimahuauri, Kagey, Fudugey, Uttar Banga Local-17, Phoolpakari-1, Kalojeera, Tulaipanji, Uttar Banga Local-2, Dudheswar, Boichi, Jhapaka, Birali, Kola Jaha-Small, Kalturey, Kalo Nunia, Ghee Bora, Tulaipanji, Gobindobhog etc., e os restantes 47 registaram uma espessura de caule espessa (Quadro 3.4), por exemplo, Uttar Banga Local-7, Uttar Banga Local-14, Garu Chakhua, Kalshepa, Singara, Hatidat Komal, Sada Nunia, Bora, Kataribhog, Kabra, Uttar Banga Local-5, Jashoya, Malbati, Dhyapa, Uttar Banga Local-3, Jasawa-AD, Uttar Banga Local-16, etc. Em nenhuma delas foi encontrada uma espessura fina do caule. A espessura do caule é uma caraterística importante para decidir a tolerância ao acamamento.

1.1.3.5. Caule: Comprimento (excluindo a panícula; excluindo o arroz flutuante)

A observação do comprimento do caule foi feita na fase de desenvolvimento do leite (formação de seiva branca leitosa dentro das espiguetas) e foi feita através da medição do comprimento de um número de caules individuais. Foi categorizado em cinco grupos - muito curto (<91 cm), curto (91-110 cm), médio (111-130 cm), longo (131-150 cm) e muito longo (>150 cm). Verificou-se que cinco cultivares locais possuíam um comprimento de caule muito curto (Uttar Banga Local-16,

Ayangleima Phou, Chapka Chakhao, Uttar Banga Local-18, Seshphal) (Quadro 3.4), oito tinham um comprimento de caule curto (Sada Mala, Kalo Boichi, Sada Nunia, Garu Chakhua, Dharam Phou, etc.), 64 tinham um comprimento de caule médio (Sada Mala, Kalo Boichi, Sada Nunia, Garu Chakhua, Dharam Phou, etc.) e 64 tinham um comprimento de caule médio (Sada Mala, Kalo Boichi, Sada Nunia, Garu Chakhua, Dharam Phou, etc.).), 64 were found to have medium stem length (Tarapakari, Uttar Banga Local-5, Bonnidhan, Kaike, Kalobhog, Dhyapa, Uttar Banga Local-3, Uttar Banga Local-15, Uttar Banga Local-6, Tarai Research Siociety-1, Jasawa-AD, Tarai Research Siociety-4, Pahariboichi etc.), 46 tinham um comprimento de caule longo (Jashoya, Malbati, Uttar Banga Local-11, Jaldhyapa-AD, Betho,

Tarapakari-Selection, Sadabhatkalo, Hatidat Komai, etc.), e nove apresentaram um comprimento de caule muito longo (Mangamuthi, Singara, Kalturey, Ghee Bora, Bitti, Jhapaka, Jonroi Buna, Biroi, etc.).

1.1.3.6. Panícula: Número por planta

A observação do número de panículas por planta foi efectuada desde o desenvolvimento da massa (as espiguetas tornam-se duras) até à maturação (as espiguetas terminais amadurecem). Para registar a observação, o número de panículas por planta foi classificado em três categorias, tais como, poucas (< 11), médias (11-20) e muitas (> 20). Todas as 132 cultivares locais foram encontradas em panículas médias e muitas panículas por planta (Tabela 4.1d). Setenta cultivares locais (Konkoni Joha, Khasa, Dubari Komal, Rampha, Silathia Bora, Biroi, Jailung Lal Komal, Uttar Banga Local-7, Uttar Banga Local-14, Garu Chakhua, Boichi etc.) apresentaram número médio de panículas por planta.) registaram um número médio de panículas por planta e as restantes 62 cultivares locais (Kalakali, Lagidhan, Ronga Komal, Munimahuauri, Radhunipagal, Kagey, Marichsal, Uttar Banga Local-17, Kalojeera, Uttar Banga Local-2, Kalshepa, Singara, etc.) registaram muitas panículas por planta.

1.1.3.7. Panícula: Comprimento do eixo principal

A observação do comprimento do eixo principal da panícula foi efectuada na fase de desenvolvimento do leite (formação de seiva branca leitosa dentro das espiguetas) até à maturação (espiguetas terminais amadurecidas). A observação foi efectuada através da medição de um número de indivíduos do eixo principal da panícula (PPV&FRA, 2007). O comprimento do eixo principal da panícula foi classificado como - muito curto (<16 cm), curto (16-20 cm), médio (21-25 cm), longo (26-30 cm) e muito longo (>30 cm). Sessenta e duas cultivares locais apresentaram comprimento médio do eixo principal das panículas [Khaiyamdham,

Uttar Banga Local-13, Radhatilak-2, Beto, Uttar Banga Local-18, Seshphal, Baigonbuchi, Khasa, Baigonmacchua etc. (Tabela 4.1d)], 67 eram longas (Kashiya Binni, Uttar Banga Local-9, Sitalkuchi-5, Chakhao Poireiton, Ladu, Uttar Banga Local-10, Jaldhyapa-2, Lagidhan, Dudheswar, Uttar Banga Local-12), e apenas três apresentaram comprimento muito longo do eixo principal da panícula (Tulsimukul, Maitee, Kagey). Nenhuma delas apresentou comprimento muito curto e curto do eixo principal da panícula.

1.1.3.8. Panícula: Comprimento da folha mais comprida

O comprimento do maior colmo foi classificado como muito curto, curto, médio, longo e muito longo (Quadro 3.4). Entre 32 cultivares locais com toldos, 11 tinham toldos muito curtos (Kashiya Binni, Dudheswar, Kalakali, Dudhekalam-1, Chakhao- Selection-2, Sitalkuchi-2, Sada Nunia, Bora, Ghee Bora, Uttar Banga Local-15, Malshira), 11 tinham toldos curtos (Binni, Marichsal, Kalodhyapa, Uttar Banga Local-19, Kataribhog, Tarapakari, Bonnidhan, Uttar Banga Local-6, Kaloboichi, Tarai Research Society-1, Kalshepa), sete tinham um comprimento médio (Beto, Kauka-Selection, Tulaipanji-AD, Uttar Banga Local-3-Selection, Tulaipanji, Jhapaka, Fudugey), um tinha um comprimento longo (Kaike) e dois tinham um comprimento muito longo (Khama, Kauka).

1.1.3.9. Prazo de vencimento (dias)

A maturidade foi calculada em dias desde a sementeira até ao amadurecimento de mais de 80% dos grãos na panícula (Chang *et al.*, 1965). A observação do tempo de maturação foi efectuada no estádio de maturação (espiguetas terminais amadurecidas) e a observação foi feita por avaliação visual através de uma única observação de um grupo de plantas. O tempo de maturação foi classificado como: muito precoce (< 100 dias), precoce (101-120 dias), médio (121-140 dias), tardio (141-160 dias) e muito tardio (> 160 dias). No presente estudo, nenhuma das FV apresentou dias de maturação do tipo muito precoce. Apenas uma cultivar local (Bitti) apresentou grupo de maturidade precoce, uma foi do grupo de maturidade média (Sada Nunia), 50 apresentaram grupo de maturidade tardia (Hatidat Komal, Tarai Research Society-2, Sial Bhomra, Kola Joha-Big, Bora, Malbati, Jhagarikartik, Binni, Kataribhog, Kabra, Khama, Satia etc.) e 80 apresentaram dias de maturidade muito tardios.) e 80 apresentaram dias de maturação muito tardios (Tulsibhog, Kauka, Mohanbhog, Uttar Banga Local- 6, Tarapakari, Bonnidhan, Kaike, Kalobhog, Sada Mala, Dhyapa, Mangamuthi, Tarai Research Society-1, Uttar Banga Local-16, Betho, etc.).

1.1.3.10. Peso de 100 grãos completamente desenvolvidos

A observação do peso de 100 grãos foi feita no estádio de cariopse dura (já não pode ser amassada pela unha do polegar e mais de 90% das espiguetas estão maduras) e a observação foi feita medindo 100 grãos completamente desenvolvidos e secos a 13% de humidade (PPV & FRA, 2007). Este carácter foi categorizado em cinco classes diferentes - muito baixo (<15 g), baixo (15-20 g), médio (21-25 g), alto (26-30) e muito alto (>30 g). Fourteen local cultivars were found to have very low grain weight (Tulsibhog, Bitti, Badshabhog, Kalokhasha, Tulaipanji, Phoolpakari-2 etc.), 26 were found to have low grain weight (Kola Joha-Big, Uttar Banga Local-11, Mohanbhog, Tarai Research Society-4, Kataribhog, Malbati, Kalobhog, Sada Mala etc.), 48 were found to have medium grain weight (Sada Nunia, Kabra, Khama, Satia, Uttar Banga Local- 5, Tarapakari, Uttar Banga Local-6, Kaloboichi, Tarai Research Society-1, Pahariboichi, Betho etc.), 33 tinham um peso de grão elevado (Sial Bhomra, Kauka, Bora, Jhagarikartik, Bonnidhan, Kaike, Dhyapa, Uttar Banga Local-3, etc.) e 11 tinham um peso de grão muito elevado (Hatidat Komal, Jashoya, Mangamuthi, Jaldhyapa-AD, Kharadhan, Dharam Phou, Jaldhyapa-3, etc.) (quadro 3.4).

1.1.3.11. Grãos: Comprimento

A dimensão longitudinal foi medida a partir de 10 grãos bem desenvolvidos como a distância entre a base do lema estéril mais baixo e a ponta (apículo) do lema ou da pálea, consoante o comprimento do grão que fosse maior. No caso das variedades com toldos, o comprimento foi medido até um ponto comparável à ponta do apículo (Chang *et al.*, 1965). Este carácter foi categorizado em cinco classes diferentes - muito curto (<6,0 mm), curto (6,1-8,5 mm), médio (8,6-10,5 mm), longo (10,6-12,5 mm) e muito longo (>12,5 mm) (Quadro 3.4). Out of 132 local cultivars, 6 local cultivars were found to have very short grain length (Mohanbhog, Radhatilak-2, Baigonmacchua, Badshabhog, Tarapakari- Selection, Gobindobhog), 88 were short type grain length (Sial Bhomra, Tulsibhog, Kauka, Bora, Khama, Jhagarikartik, Kabra, Kataribhog, Uttar Banga Local-5 etc.), 38 eram de comprimento de grão médio (Hatidat Komal, Sada Nunia, Kola Joha-Big, Sadabhatkalo, Jaldhyapa-AD, Uttar Banga Local-16. Jasawa-AD, Sada Mala, etc.). Em nenhuma delas se registou um comprimento de grão longo e muito longo.

1.1.3.12. Largura do grão

O diâmetro dorsiventral medido a partir de 10 grãos como a distância entre o lema e a pálea no ponto mais largo foi a largura do grão (Chang *et al.*, 1965). A largura do grão foi classificada em cinco categorias (PPV & FRA, 2007), tais como, muito estreita (<2,0 mm), estreita (2,1-2,5 mm), média (2,63,0 mm), larga (3,1-3,5 mm), muito larga (>3,5 mm) (Quadro 3.4). Das 132 cultivares locais, apenas duas cultivares locais possuíam grãos de largura muito estreita (Malbati, Badshahbhog),

43 eram do tipo estreito (Tulsimukul, Uttar Banga Local-13, Radhatilak-2, Uttar Banga Local-18, Seshphal, Binni etc.), 62 do tipo médio (Kansas, Kansas, Bonga, etc.), 62 do tipo médio (Kansas, Bonga, etc.) e 62 do tipo médio (Kansas, Bonga, etc.).), 62 eram de tipo médio (Khaiyamdhan, Uttar Banga Local-9, Tarai Research Society-3, Baigonmacchua, Laldhyapa, Tarai Research Society-2, Uttar Banga Local-10, Dudheswar, etc.), 25 eram de tipo largo (Jaldhyapa- 2, Maitee, Kalodhyapa, Sadabhatkalo, Jaldhyapa-AD, Betho, Mangamuthi). Nenhuma das FV foi considerada como tendo um tipo de largura de grão muito larga.

1.1.3.13. Grãos descorticados: Comprimento

A dimensão longitudinal medida a partir de 10 grãos decorticados bem desenvolvidos como a distância da base à ponta do grão foi o comprimento do grão. Este carácter foi categorizado em cinco classes diferentes - curto, médio, longo, longo (longo para o tipo Basmati) e extra longo (PPV & FRA, 2007). No presente estudo, verificou-se que sessenta e três cultivares locais possuíam um tipo curto de grão decorado [Birali, Kola Joha-Small, Kalo Nunia, Kagey, Khasa, Gobindobhog, Uttar Banga Local-8 Konkoni Joha, Marichsal etc. (Tabela 3.4)], e o comprimento do grão é muito maior do que o comprimento do grão. (Table 3.4)], 43 Local cultivars were medium (Singara, Kalturey, Ghee Bora, Munimahuauri, Rampha,Tulaipanji-AD, Kalakali, Lagidhan etc.), 22 cultivares locais apresentavam um comprimento de grão decorado longo (Silathia Bora, Jailung Lal Komal, Dharam Phou, Birali-selection, Ayangleima Phou, Manga Muthi, Kaloboichi, etc.) e apenas quatro cultivares locais apresentavam um comprimento de grão decorado muito longo (Hatidat Komal, Sada Nunia , Uttar Banga Local-10).

1.1.3.14. Largura do grão descorticado

O diâmetro dorsiventral medido a partir de 10 grãos decorticados como a distância através da amêndoa no ponto mais largo foi a largura do grão (Chang *et al.*, 1965). A largura dos grãos decorticados foi classificada como estreita (<2,0 mm), média (2,0-2,5 mm) e larga (>2,5 mm). Das 132 cultivares locais, 25 apresentaram largura de grão decorticada estreita [Kola Joha-Small, Kalturey, Kalo Nunia, Tulaipanji-AD, Gobindobhog, Rampha, Dudheswar-AD etc. (Tabela 3.4)], 57 possuem uma largura de grão média decorticada (Birali, Ghee Bora, Munimahuauri, Fudugey, Malshira, Kalojeera, Bitti, Jhapaka, Kalshepa etc.) e 50 possuem uma largura de grão larga decorticada (Singara, Dubari Komal, Ronga Komal, Silathia Bora, Khaiyamdhan etc.).

1.1.3.15. Teor de amilose

A extensão do conteúdo de amilose no endosperma foi classificada em cinco categorias, como muito baixa (<10%), baixa (10-19%), média (20-25%), alta (26-

30%) e muito alta (>30%). Dez cultivares locais mostraram conteúdo muito baixo de amilose no endosperma (Tabela 4.1d), tais como, Chakhao-UN (1L), Chakhao-Selection-1, Chapka Chakhao, Dubari Komal, Silathia Bora, Binni, Jasawa- AD etc.; 12 mostraram conteúdo baixo de amilose no endosperma (Tabela 4.2d).12 apresentaram um baixo teor de amilose, por exemplo, Dharam Phou, Chakhao Amubi, Ronga Komal, Ayangleima Phou, Uttar Banga Local-8, Ghee Bora, Bonnidhan, Hatidat Komal, Sada Nunia, Bora, Chakhao- Selection-3, Chakhao Angangbi, etc.61 apresentaram um teor médio (Radhatilak, Uttar Banga Local-12, Kalakali, Chinakamani, Konkoni Joha, Kalokhasha, Khasa, Jonroi Buna, Sitalkuchi-4, Sitalkuchi-3, Biroi, Kalodhyapa, Kola Joha-Small, Kalturey, Kalobhog, Sada Mala, Dhyapa, Tulaipanji); e 49 apresentaram um elevado teor de amilose no endosperma (Kharadhan, Sitalkuchi-1, Thuri, Phoolpakari-2, Sitalkuchi-2, Uttar Banga Local-15, Rampha, Lagidhan, Jaldhyapa-3, Kaike, Gobindobhog, Uttar Banga Local-6, Tarai Research Society-4, Betho, etc.).). Nenhuma delas apresentou um teor muito elevado de amilose no endosperma.

Nenhum deles apresentou um teor muito elevado de amilose no endosperma. O teor de amilose é um importante parâmetro de qualidade do grão de arroz no que respeita à preferência do consumidor. Na Índia, os consumidores preferem um teor médio (20-25%) de amilose no endosperma e este é um parâmetro importante para a promoção de entradas de arroz durante o All India Rice Improvement Project (AICRIP) do Conselho Indiano de Investigação Agrícola, Índia (Anónimo, 2017). O teor de amido (amilose) do arroz é um fator muito importante no rendimento do grão, no processamento e na palatabilidade.

1.1.3.16. Rendimento de grãos

Os três componentes físicos básicos do rendimento de grãos por unidade de área são (a) o número de panículas por unidade de área, (b) o número de grãos bem desenvolvidos por panícula, e (c) o peso do grão. Em condições de crescimento comparáveis, cada variedade mostra uma composição bastante consistente de rendimento de grãos em termos dos três componentes (Chang *et al.*, 1965). A capacidade de produção de grãos é também utilizada como caraterística varietal. Quando utilizada como tal, a produtividade das parcelas é mais significativa do que a produtividade de uma única planta. Os dados relativos ao rendimento em grão, completados pelos dados relativos às três componentes, fornecem mais informações para estudos comparativos ou de diagnóstico. O rendimento da parcela (quilograma), das cultivares locais viz, Jaldhyapa-3 (3,77 kg/parcela) seguido por Jashoya (3,51 kg/parcela), Dharam Phou (2,86 kg/parcela), Sitalkuchi-3, (2,84 kg/parcela), Kharadhan (2.83 kg/parcela), Dudhekalam Motajasawa (2,71 kg/parcela), Bonnidhan (2,65 kg/parcela), Uttar Banga Local-7 (2,64 kg/parcela), Malshira (2,59 kg/parcela), Jaldhyapa-AD (2,36 kg/parcela).

1.1.4. Classificação das cultivares locais

As cultivares locais foram divididas em oito grupos principais para facilitar a avaliação da distinção, de acordo com as "Directrizes para a realização de testes de distinção, uniformidade e estabilidade no arroz (*Oryza sativa* L.)" publicadas pela Autoridade para a Proteção das Variedades Vegetais e dos Direitos dos Agricultores (2007), Governo da Índia (Surje e Roy, 2017). As características que, por experiência, se sabe não variarem, ou variarem apenas ligeiramente dentro de uma variedade e que, nos seus vários estados, estão distribuídas de forma bastante uniforme por todas as variedades da coleção, são adequadas para efeitos de agrupamento. Com base nas directrizes do PPV&FRA (2007), as cultivares locais de arroz foram agrupadas e os pormenores são apresentados a seguir.

Tabela 3.4. Variabilidade em caracteres quantitativos das variedades dos agricultores

Sl. No.	Characters	Classification	No of FV's
45.	Leaf: Length of blade	Short (<30)	73
		Medium (30-45)	59
		Long (>45)	5
46.	Leaf: Width of blade	Narrow (<1)	0
		Medium (1-2)	131
		Broad (> 2)	1
47.	Time of Heading (50% plants with panicle) (Days)	Very Early (< 71)	0
		Early (71-90)	1
		Medium (91-110)	4
		Late (112-130)	39
		Very late (>131)	88
48.	Stem thickness (cm)	Thin (<0.4)	0
		Medium (0.4-0.55)	85
		Thick (>0.55)	47
49.	Stem: length (excluding panicle; excluding floating rice)	Very short (<91 cm)	5
		Short (91-110)	8
		Medium (111-130)	64
		Long (131-150)	46
50.	Panicle: number per plant	Few (<11)	0
		Medium (11-20)	70
		Many (>20)	62
51.	Panicle: Length of main axis (cm)	Very short (<16)	0
		Short (16-20 cm)	0
		Medium (21-25)	62
		Long (26-30)	67
		Very Long (>30)	3
52.	Panicle: Length of longest awn (cm)	Very short (<2.0)	11
		Short (2.1-4.0)	11
		Medium (4.1-6.0 cm)	7
		Long (6.1-8.0)	1
		Very long (>8 cm)	2
53.	Time of maturity	Very early (<100 days)	0
		Early (101-120 days)	1
		Medium (121-140 days)	1
		Late (141-160 days)	50
		very late (>160 days)	80
54.	Grain: Wt. Of 1000 fully developed grain	Very Low (<15 g)	14
		Low (15-20 g)	26
		Medium (21-25 g)	48
		High (26-30 g)	33
		Very High (>30 g)	11
55.	Grain: Length	Very short (<6.0 mm)	6
		Short (6.1-8.5 mm)	88
		Medium (8.6-10.5 mm)	38
		Long (10.6-12.5 mm)	0
		V. Long (>12.5 mm)	0
56.	Grain: width	Very narrow (<2.0 mm)	0
		Narrow (2.1-2.5 mm)	34
		Medium (2.6-3.0 mm)	54
		Broad (3.1-3.5 mm)	36
		Very broad (>3.5 mm)	8
57.	Decorticated grain: Length	Short	63
		Medium	43
		Long	22
		Extra long	4
58.	Decorticated grain: Width	Narrow (<2.0mm)	25
		Medium (2.0-2.5mm)	57
		Broad (>2.5mm)	50
59.	Endosperm: Content of amylose	Very low (<10%)	10
		Low (10-19%)	12
		Medium (20-25%)	61
		High (26-30%)	49
		Very high (>30%)	0

1.1.4.1. Baseado na folha basal: Cor da bainha

A observação da cor da bainha da folha basal foi efectuada na fase de arranque. A cor da bainha da folha variou como verde, roxo claro, linhas roxas e roxo uniforme. Das 132 cultivares locais, 110 cultivares locais apresentaram bainha basal de folhas de cor verde (Tabela 3.5). Este resultado também corrobora com as descobertas de muitos pesquisadores de que a maioria das cultivares locais possui bainha basal de folhas de cor verde (Parikh *et al.*, 2012; Chakrabarty *et al.*, 2012; Chakravorty e Ghosh 2011, 2012, 2013; Tirkey *et al.*, 2013; Subba Rao *et al.*,

2013; Singh *et al.*, 2015).

Dezassete cultivares locais apresentaram bainha foliar de cor púrpura clara (Quadro 3.5), quatro apresentaram linhas púrpura (Quadro 3.5) e uma cultivar local (Kharadhan) apresentou bainha foliar basal de cor púrpura uniforme. A cor púrpura uniforme da bainha basal da folha também foi observada por Parikh *et al.*, (2012). No entanto, Chakravorty e Ghosh (2011) não encontraram nenhuma cultivar local com bainha basal de cor púrpura uniforme entre as 51 cultivares locais.

Tabela 3.5. Classificação com base na folha basal: cor da bainha

States	Farmers' Variety	No. of cultivars
Green	Dudhekalam Motajasawa, Uttar Banga Local-12, Kauka-Selection, Chinakamani, Radhatilak, Dharam Phou, Birali-selection, Dudhekalam-1, Chakhao Amubi, Sitalkuchi-4, Ayangleima Phou, Thuri, Kalodhyapa, Phoolpakari-2, Chapka Chakhao, Jaldhyapa-3, Uttar Banga Local-8, Uttar Banga Local-5, Tarapakari, Bonnidhan, Kalobhog-selection, Sada Mala, Jashoya, Malbati, Uttar Banga Local-3, Uttar Banga Local-15, Uttar Banga Local-3-1, Mangamuthi, Uttar Banga Local-6, Kaloboichi, Tarai Research Society-1, Jasawa-AD, Uttar Banga Local-11, Tarai Research Society-4, UBL-16, Pahariboichi, Jaldhyapa-AD, Betho, Tarapakari-selection, Sadabhatkalo, Munimahuauri, Kagey, Fudugey, Uttar Banga Local-17, Kalo Nunia, Malshira, Phoolpakari, Kalojeera, Tulaipanji, Bitti, Uttar Banga Local-2, Uttar Banga Local-7, Uttar Banga Local-14, Dudhekalam-9, Dudheswar-AD, Kalshepa, Boichi, Jhapaka, Khaiyamdhan, Uttar Banga Local-9, Tarai Research Society-3, Tulsimukul, Kashiya Binni, Uttar Banga Local-13, Radhatilak-2, Beto, Uttar Banga Local-18, Sitalkuchi-5, Ladu, Sitalkuchi-6, Baigon Buchi, Panikuthi Shyamlal, Baigon Macchua, Laldhyapa, Tarai Research Society-2, Phorenmubi, Dudheswar, Binni, Pahariboichi-selection, Maitee, Jaldhyapa-2, Uttar Banga Local-10, Hatidat Komal, Tulsibhog, Uttar Banga Local-19, Kola Joha-Big, Kauka, Mohanbhog, Bora, Badshabhog, Jhagarikartick, Kabra, Khama, Konkoni Joha, Khasa, Kalakali, Rampha, Lagidhan, Ronga Komal, Biroi, Radhunipagal, Jailung Lal Komal, Marichsal, Singara, Birali, Kalojoha Small, Kalturey, Tulaipanji-AD, Gobindobhog	110
Light purple	Sitalkuchi-1, Jonroi Buna, Chakhao-Selection2, Kalokhasha, Sitalkuchi-3, Chakhao-Selection-1, Kaike, Dhyapa, Sitalkuchi-2, Sada Nunia, Sial Bhomra, Kataribhog, Silathi Bora, Dubari Komal, Garu Chakhua, Chakhao-Selection-3, Chakhao Sempak	17
Purple lines	Ghee Bora, Seshphal, Chakhao Angangbi, Chakhao Poireiton	4
Uniform purple	Kharadhan	1

1.1.4.2. Com base na hora do rumo

A observação da época do espigamento foi efectuada quando metade da inflorescência emergiu da fase de arranque e a observação foi feita por avaliação visual através de uma única observação de um grupo de plantas ou partes de plantas (PPV & FRA, 2007). Dependendo do tempo de floração (dias até 50% de floração), o tempo de floração foi classificado como - muito precoce (<71 dias), precoce (71-90 dias), médio (90-110 dias), tardio (111-130 dias) e muito tardio (>130 dias) (Tabela 3.6).

Das 132 cultivares locais, apenas uma cultivar local (Quadro 3.6) foi considerada precoce, quatro foram consideradas médias, 39 foram consideradas tardias e 88 foram consideradas muito tardias para 50% de encabeçamento. Os resultados de outros investigadores também mostraram que a maioria das cultivares locais se enquadra nas categorias precoce e média (Subba Rao *et al.*, 2013). As precoces (Bitti) e as medianamente precoces (Kalturey, Sada Nunia, Bora e Seshphal) podem ser testadas para cultivo noutras estações, como *Boro* e *Aus*.

Tabela 3.6. Classificação com base na altura do corte (50% das plantas com panículas)

States	Farmers' Variety	No.
Early (71-90 days)	Bitti	1
Medium (91-110 days)	Kalturey, Sada Nunia, Bora, Seshphal	4
Late (111-130 days)	Singara, Tulaipanji-AD, Dubari Komal, Lagidhan, Ronga Komal, Jailung Lal Komal, Sial Bhomra, Kola Joha-Big, Jhagarikartick, Kataribhog, Chakhao Poireiton, Ladu, Chakhao Sempak, Tarai Research Society-2, Phorenmubi, Dudheswar, Binni, Pahariboichi-selection, Chakhao Angangbi, Maitee, Chakhao-Selection-3, Uttar Banga Local-10, Munimahuauri, Kagey, Fudugey, Phoolpakari, , Garu Chakhua, Jhapaka, Sadamala, Malbati, Jasawa-AD, Radhatilak-1 Dharam Phou, Jonroi Buna, Chakhao Amubi, Chakhao-Selection-2, Ayangleima Phou, Kalokhasha, Chapka Chakhao	39
Very late (>131 days)	Dudhekalam Motajasawa, Uttar Banga Local-12, Kauka-Selection, Chinakamani, Birali-selection, Dudhekalam-1, Sitalkuchi-4, Thuri, Kalodhyapa, Phoolpakari-2, Jaldhyapa-3, Uttar Banga Local-8, Uttar Banga Local-5, Tarapakari, Bonnidhan, Kalobhog-selection, Jashoya, Uttar Banga Local-3, Uttar Banga Local-15, Uttar Banga Local-3-1, Mangamuthi, Uttar Banga Local-6, Kaloboichi, Tarai Research Society-1, Uttar Banga Local-11, Tarai Research Society-4, Uttar Banga Local-16, Pahariboichi, Jaldhyapa-AD, Betho, Tarapakari-selection, Sadabhatkalo, Uttar Banga Local-17, Kalo Nunia, Malshira, Kalojeera, Tulaipanji, Uttar Banga Local-2, Uttar Banga Local-7, Uttar Banga Local-14, Dudhekalam-9, Dudheswar-AD, Kalshepa, Boichi, Khaiyamdhan, Uttar Banga Local-9, Tarai Research Society-3, Tulsimukul, Kashiya Binni, Uttar Banga Local-13, Radhatilak-2, Beto, Uttar Banga Local-18, Sitalkuchi-5, Sitalkuchi-6, Baigon Buchi, Panikuthi Shyamlal, Baigon Macchua, Laldhyapa, , Jaldhyapa-2, , Hatidat Komal, Tulsibhog, Uttar Banga Local-19, Kauka, Mohanbhog, Badshabhog, Kabra, Khama, Satia, Konkoni Joha, Khasa, Kalakali, Rampha, Biroi, Radhunipagal, Marichsal, Birali, Kola Joha-Small, Gobindobhog, Sitalkuchi-1, Sitalkuchi-3, Chakhao-Selection-1, Kaike, Dhyapa, Sitalkuchi-2, Silathi Bora, Ghee Bora, Kharadhan	88

1.1.4.3. Com base no caule: Comprimento (excluindo o pedúnculo)

A observação do comprimento do caule foi feita na fase de desenvolvimento do leite (formação de seiva branca leitosa dentro das espiguetas) e foi feita através da medição do comprimento de um número de caules individuais. Foi categorizado em cinco grupos - muito curto (<91 cm), curto (91-110 cm), médio (111-130 cm), longo (131-150 cm) e muito longo (>150 cm). Cinco cultivares locais tiveram um comprimento de caule muito curto, oito tiveram um comprimento de caule curto (Quadro 3.7), 64 tiveram um comprimento de caule médio, 46 tiveram um comprimento de caule longo e nove tiveram um comprimento de caule muito longo.

O comprimento do caule é uma caraterística importante que determina a suscetibilidade ao acamamento. Em geral, prefere-se uma altura de planta curta a média, uma vez que facilita todas as actividades interculturais. Além disso, as variedades de arroz de altura curta são geralmente consideradas resistentes ao acamamento. De acordo com as conclusões de muitos trabalhadores do sector do arroz, o comprimento do caule da maioria das cultivares locais era médio e longo (Chakravorty e Ghosh, 2012, 2013). No entanto, Subba Rao *et al.* (2013) descobriram que quase todas as cultivares locais que estudaram se enquadravam nas categorias muito curto, curto e médio. Apenas uma variedade (Kusum Kuntala) se enquadrava na categoria longa. Algumas outras variedades com comprimento de caule muito longo são Muktasal, Jhulur, Manikachan (Chakravorty e Ghosh, 2012, 2013).

1.1.4.4. Com base em grãos descorticados: Comprimento

A dimensão longitudinal medida a partir de 10 grãos decorticados bem desenvolvidos, como a distância da base até a ponta do grão, foi o comprimento do grão. Este carácter foi categorizado em cinco classes diferentes - curto, médio, longo e extra longo (PPV & FRA, 2007). No presente estudo, verificou-se que sessenta e três cultivares locais possuíam um tipo curto de grãos decorticados (Tabela 3.8), 43 cultivares locais eram médias, 22 cultivares locais tinham um tipo longo de comprimento de grãos decorticados e apenas quatro cultivares locais tinham um tipo extra longo de comprimento de grãos decorticados.

Quadro 3.7. Classificação com base no caule: comprimento (excluindo a panícula)

States	Farmers' Variety	No. of cultivars
Very short (<91)	Ayangleima Phou, Chapka Chakhao, Uttar Banga Local-16, Uttar Banga Local-18, Seshphal,	5
Short (91-110)	Dharam Phou, Sitalkuchi-4, Sada Nunia, Sadamala, Kaloboichi, Garu Chakhua, Sitalkuchi-5, Uttar Banga Local-10	8
Medium (111-130)	Dudhekalam Motajasawa, Kauka-selection, Radhatilak-1, Sitalkuchi-1, Chakhao Amubi, Chakhao-Selection-2, Sitalkuchi-3, Kalodhyapa, Chakhao-Selection-1, Phoolpakari-2, Sitalkuchi-2, Jaldhyapa-3, Uttar Banga Local-8, Birali, Kola Joha-Small, Tulaipanji-AD, Gobindobhog, Konkoni Joha, Kalakali, Jailung Lal Komal, Marichsal, Sial Bhomra, Uttar Banga Local-19, Mohanbhog, Bora, Badshabhog, Jhagarikartik, Kabra, Satia, Uttar Banga Local-5, Tarapakari, Bonnidhan, Kaike, Kalobhog-selection, Dhyapa, Uttar Banga Local-3, Uttar Banga Local-15, Uttar Banga Local-6, Tarai Research Society-1, Jasawa-AD, Tarai Research Society-4, Pahariboichi, Malshira, Phoolpakari-1, Tulaipanji, Uttar Banga Local-2, Uttar Banga Local-7, Uttar Banga Local-14, Dudhekalam-9, Dudheswar-AD, Kalshepa, Tarai Research Society-3, Radhatilak-2, Betho, Sitalkuchi-6, Baigon Buchi, Baigon Macchua, Chakhao Sempak, Tarai Research Society-2, Phorenmubi, Dudheswar, Binni, Pahariboichi-selection, Chakhao Angangbi	64
Long (131-150)	Uttar Banga Local-12, Kharadhan, Chinakamani, Birali-selection, Dudhekalam-1, Kalokhasha, Thuri, Khasa, Dubari Komal, Rampha, Lagidhan, Ronga Komal, Silathia Bora, Radhunipagal, Hatidat Komal, Tulsibhog, Kola Joha-Big, Kauka, Kataribhog, Khama, Jashoya, Malbati, Uttar Banga Local-3-1, Uttar Banga Local-11, Jaldhyapa-AD, Betho, Tarapakari-selection, Sadabhatkalo, Munimahuauri, Kagey, Fudugey, Uttar Banga Local-17, Kalo Nunia, Kalojeera, Boichi, Khaiyamdhan, Uttar Banga Local-9, Tulsimukul, Kashiya Binni, Uttar Banga Local-13, Chakhao Poireiton, Ladu, Panikuthi Shyamlal, Laldhyapa, Jaldhyapa-2, Chakhao-Selection-3	46
Very long (>150)	Jonroi Buna, Singara, Kalturey, Ghee Bora, Biroi, Manga Muthi, Bitti, Jhapaka, Maitee	9

Tabela 3.8. Classificação com base nos grãos decorticados: comprimento

States	Farmers' Variety	No. of cultivars
Short	Tarai Research Society-3, Tulsimukul, Uttar Banga Local-13, Radhatilak-2, Beto, Seshphal, Sitalkuchi-5, Ladu, Baigonbuchi, Baigonmacchua, Pahariboichi-selection, Maitee, Jaldhyapa-2, Chakhao-Selection-3, Uttar Banga Local-5, Tarapakari, Kaike, Kalobhog-selection, Dhyapa, Uttar Banga Local-3, Uttar Banga Local-15, Uttar Banga Local-3-1, Tarai Research Society-1, Uttar Banga Local-11, Tarai Research Society-4, Pahariboichi, Betho, Tarapakari-selection, Munimahuauri, Kagey, Phoolpakari, Kalojeera, Bitti, Kalshepa, Boichi, Sial Bhomra, Tulsibhog, Kauka, Mohanbhog, Badshabhog, Jhagarikatick, Kataribhog, Satia, Konkoni Joha, Khasa, Ronga Komal, Radhunipagal, Marichsal, Birali, Kola Joha-Small, Kalo Nunia, Gobindobhog, Kauka-selection, Chinakamani, Radhatilak, Sitalkuchi-1, Jonroi Buna, Sitalkuchi-4, Kalokhasha, Chakhao-Selection-1, Phoolpakari-2, Sitalkuchi-2, Uttar Banga Local-8	63
Medium	Khaiyamdhan, Chakhao Poireiton, Sitalkuchi-6, Panikuthi Shyamlal, Laldhyapa, Tarai Research Society-2, Dudheswar, Bonnidhan, Sada Mala, Jashoya, Malbati, Uttar Banga Local-6, Jasawa-AD, Uttar Banga Local-16, Fudugey, Uttar Banga Local-17, Malshira, Tulaipanji, Uttar Banga Local-2, Uttar Banga Local-7, Uttar Banga Local-19, Kola Joha-Big, Bora, Kabra, Dubari Komal, Kalakali, Rampha, Lagidhan, Biroi, Singara, Kalturey, Ghee Bora, Tulaipanji-AD, Dudhekalam Motajasawa, Uttar Banga Local-12, Kharadhan, Dudhekalam-1, Chakhao Amubi, Thuri, Sitalkuchi-3, Kalodhyapa, Chapka Chakhao, Jaldhyapa-3	43
Long	Uttar Banga Local-9, Kashiya Binni, Uttar Banga Local-18, Phorenmubi, Binni, Chakhao Angangbi, Chakhao Sempak, Mangamuthi, Kaloboichi, Jaldhyapa-AD, Sadabhat Kalo, Jhapaka, Dudheswar-AD, Dudhekalam-9, Garu Chakhua, Khama, Silathia Bora, Jailung Lal Komal, Dharam Phou, Birali-selection, Chakhao-Selection-2, Ayangleima Phou	22
Extra Long	Uttar Banga Local-10, Uttar Banga Local-14, Hatidat Komal, Sada Nunia	4

O comprimento dos grãos decorticados variou consoante as cultivares locais de arroz. Este resultado também corrobora as conclusões de Chakrabarty *et al.* (2012), Subba Rao *et al.* (2013). O comprimento dos grãos descorticados é um carácter importante para decidir a forma do grão com a largura do grão. Em geral, os grãos mais compridos são preferidos pela maioria dos consumidores.

1.1.4.5. Com base em grãos descorticados: Forma (em vista lateral)

A forma é geralmente expressa como um rácio entre o comprimento e a largura. A forma do grão decorticado foi classificada como curta e delgada, curta e arrojada, média e delgada, longa e arrojada, longa e delgada, longa e delgada (para o tipo Basmati) e extra longa e delgada. Das 132 cultivares locais, nenhuma apresentou uma forma de grão decorticado delgado curto e delgado extra longo. Quarenta e seis cultivares locais apresentaram uma forma de grão decorado curto e arrojado (Quadro 3.9), 18 eram medianamente delgados, 54 eram longos e arrojados e 14 apresentavam uma forma de grão decorado longo e delgado.

O arroz de grão longo é como o seu nome, longo e fino. Tem um índice glicémico mais baixo do que o arroz de grãos mais curtos. Também tende a ser mais fofo e menos pegajoso do que o arroz de grão curto. O arroz de grão médio é mais curto e mais gordo do que o de grão longo e tende a funcionar melhor para um risoto ou paella à base de plantas. O arroz de grão curto tem uma forma quase redonda. Os grãos tornam-se glutinosos e pegajosos quando cozinhados, razão pela qual também é designado por "arroz pegajoso". Esta é a melhor escolha para pudins de arroz, sushi e bolinhos de arroz. No entanto, o arroz de grão curto tem um índice glicémico mais elevado.

De acordo com as conclusões de Chakrabarty *et al.* (2012), a maioria das cultivares locais foram classificadas como longas e arrojadas e extra longas e delgadas.

Quadro 3.9. Classificação com base nos grãos decorticados: forma (em vista lateral)

States	Farmers' Variety	No.
Short slender		
Short bold	Tarai Research Society-3, Tulsimukul, Uttar Banga Local-13, Radhatillak-2, Sitalkuchi-5, Ladu, Baigonbuchi, Baigonmacchua, Pahariboichi-selection, Maitee, Jaldhyapa-2, Chakhao-Selection-3, Kauka-selection, Chinakamani, Sitalkuchi-1, Jonroi Buna, Sitalkuchi-4, Kalokhasa, Chakhao-Selection-1, Sitalkuchi-2, Uttar Banga Local-8, Kagey, Kalojeera, Bitti, Boichi, Uttar Banga Local-5, Kaike, Dhyapa, Uttar Banga Local-3, Uttar Banga Local-15, Uttar Banga Local-3-1, Tarai Research Society-1, Uttar Banga Local-11, Pahariboichi, Tarapakari-selection, Betho, Konkonijoha, Khasa, Ronga Komal, Radhunipagal, Sial Bhomra, Kauka, Mohanbhog, Jhagarikartick, Satia, Kola Joha-Small	46
Medium slender	Beto, Seshphal, Radhatilak, Phoolpakari-2, Munimahuauri, Malshira, Phoolpakari-1, Kalshepa, Tarapakari, Kalobhog-selection, Tarai Research Society-4, Marichsal, Tulsibhog, Badshabhog, Kataribhog, Birali, Kalo Nunia, Gobindobhog	18
Long bold	Khaiyamdhan, Uttar Banga Local-9, Kashiya Binni, Chakhao Poireiton, Sitalkuchi-6, Panikuthi Shyamlal, Laldhyapa, Chakhao Sempak, Tarai Research Society-2, Phorenmubi, Dudheswar, Binni, Chakhao Angangbi, Dudhekalam, Motajasawa, Uttar Banga Local-12, Kharadhan, Dharam Phou, Dudheklalam-1, Chakhao Amubi, Chakhao-Selection-2, Ayangleima Phou, Thuri, Sitalkuchi-3, Kalodhyapa, Chapka Chakhao, Jaldhyapa-3, Fudugey, Uttar Banga Local-2, Uttar Banga Local-7, Garu Chakhua, Dudhekalam-9, Jhapaka, Sadabhatkalo, Jaldhyapa-AD, Jasawa-AD, Kaloboichi, Uttar Banga Local-6, Mangamuthi, Jashoya, Sada Mala, Bonnidhan, Dubari Komal, Kalakali, Lagidhan, Silathia Bora, Jailung Lal Komal, Hatidat Komal, Sada Nunia, Kola Joha-Big, Bora, Kabra, Khama, Singara, Ghee Bora	54
Long slender	Uttar Banga Local-18, Birali-selection, Uttar Banga Local-17, Tulaipanji, Uttar Banga Local-14, Dudheswar-AD, Uttar Banga Local-16, Malbati, Rampha, Biroi, Uttar Banga Local-19, Kalturey, Tulaipanji-AD	13
Extra long slender	Uttar Banga Local-10	1

1.1.4.6. Baseado em grãos descorticados: Cor

A cor dos grãos decorticados de arroz foi classificada em nove categorias, nomeadamente, branco, castanho claro, castanho variegado, castanho escuro, vermelho claro, vermelho, roxo variegado, roxo e roxo escuro (PPV & FRA, 2007). No presente estudo, das 132 cultivares locais, 47 tinham uma coloração de grão decorticada branca (Quadro 3.10), 34 eram castanhas claras, sete castanhas variegadas, 13 castanhas escuras, 17 vermelhas claras, oito vermelhas, uma roxa e cinco cultivares locais tinham uma coloração de grão decorticada roxa escura.

Uma cultivar local apresentava grãos decorticados de cor púrpura variegada.

Tanto o arroz integral como o vermelho têm perfis nutricionais semelhantes, incluindo o processo de colheita. Trata-se de tipos de arroz não descascados ou parcialmente descascados, o que significa que pode mastigar o farelo e o gérmen, que são conhecidos por terem várias propriedades benéficas. O arroz integral e o arroz vermelho são bastante semelhantes quando falamos deles a nível nutricional. Ambos são excelentes fontes de fibra, vitaminas B, cálcio, zinco e ferro, manganês, selénio, magnésio e outros nutrientes. Um aspeto que distingue a variedade vermelha da sua congénere castanha é o facto de ser enriquecida com antioxidantes que podem ajudar a combater os radicais livres nocivos no nosso corpo.

Além disso, uma vez que são ricos em fibras, o processo de digestão é lento, o que leva a um sistema digestivo fortalecido. As fibras também ajudam a abrandar o ritmo a que os hidratos de carbono são convertidos em açúcar no sangue; por conseguinte, os alimentos fibrosos têm uma carga glicémica baixa. Segundo os especialistas, as duas variedades são também altamente recomendadas para os diabéticos - devido ao seu baixo índice glicémico - e para os doentes cardíacos. São considerados grãos integrais, que podem ajudar a reduzir a placa arterial, prevenir riscos de doenças cardiovasculares, domar o colesterol alto e regular o açúcar no sangue. De acordo com estudos recentes, o consumo diário de uma chávena de arroz integral pode reduzir significativamente o risco de desenvolver diabetes em até 60%.

O arroz mais comum consumido pelos seres humanos é o arroz branco, seguido do arroz integral. No entanto, os genótipos de arroz com uma camada de farelo vermelho/roxo ou preto são cultivados há muito tempo na Ásia (Ahuja *et al.*, 2007). O arroz colorido é considerado uma fonte potente de antioxidantes e o seu consumo é encorajado (Yawadio *et al.*, 2007, Anggraini *et al.*, 2015). O arroz preto contém um teor relativamente elevado de antocianina (principalmente *cianidina-3-O-glucósido e peonidina 3-O-glucósido*) na camada do pericarpo, o que lhe confere a cor púrpura escura (Ryu *et al.*, 1998; Takashi *et al.*, 2001, Kristamtini *et al.*, 2012). As antocianinas são conhecidas pelas suas propriedades bioactivas e reconhecidas como substâncias benéficas para a saúde devido às suas actividades antioxidantes, anti-inflamatórias, anticancerígenas, anti-aterogénicas e anti-hipoglicémicas (Wang e Stoner, 2008). O arroz preto tem baixo teor de açúcar, mas está repleto de fibras saudáveis e de compostos vegetais que combatem as doenças cardíacas e o cancro, segundo os cientistas (Sutharut e Sudarat, 2012). Quando o arroz é transformado, os moinhos removem as camadas exteriores dos grãos para produzir arroz integral ou arroz branco mais refinado, o tipo mais consumido no Ocidente. Diz-se que o arroz integral é mais nutritivo porque tem níveis mais elevados de compostos saudáveis de vitamina E e antioxidantes. Mas as variedades de arroz de cor preta ou roxa são ainda mais saudáveis. Alguns cientistas afirmam que o arroz preto é o novo arroz que combate o cancro (http://www. dailymail.co.uk/health/article-1306356/Black-rice-new-cancer-fighting-super food-claim-scientists.html#ixzz3YKu9R4lg).

A investigação sugere que os antioxidantes das plantas escuras, que eliminam as moléculas nocivas, podem ajudar a proteger as artérias e a prevenir os danos no ADN que conduzem ao cancro. O arroz colorido tem um papel importante na redução do risco de cancro e de outras doenças crónicas devido à sua capacidade de eliminar os radicais livres (Wang e Stoner, 2008; Shih *et al.*, 2007; Elisia *et al.*, 2007; Elisia e Kitts, 2008). O arroz preto também contém níveis mais elevados de proteínas, vitaminas e minerais do que o arroz branco comum (Suzuki *et al.*, 2004).

1.1.4.7. Com base no endosperma: Teor de amilose

É composto por mais de 80% de amido e, a nível molecular, o amido contém amilose (cadeias lineares de glucose com ligações a (1-4)) e amilopectina (cadeias ramificadas de glucose com ligações a (1-6)) (Henry e Kettlewell, 1996).

Tabela 3.10. Classificação com base nos grãos decorticados: cor

States	Farmers' Variety	No.
White	Seshphal, Baigonbuchi, Panikuthi Shyamlal, Phorenmubi, Pahariboichi-selection, Maitee, Jaldhyapa-2, Chakhao-Selection-3, Uttar Banga Local-10, Dudhekalam, Motajasawa, Sitalkuchi-1, Dharam Phou, Sitalkuchi-4, Ayangleima Phou, Kalodhyapa, Chakhao-Selection-1, Chapka Chakhao, Jaldhyapa-3, Uttar Banga Local-8, Munimahuauri, Kagey, Uttar Banga Local-17, Malshira, Tulaipanji, Garu Chkhua, Dudheswar-AD, Tarapakari, Dhyapa, Jasawa-AD, Uttar Banga Local-11, Pahariboichi, Jailung Lalkomal, Hatidat Komal, Mohanbhog, Bora, Jhagarikartick, Ghee Bora, Tulaipanji-AD, Gobindobhog	40
Light brown	Uttar Banga Local-9, Radhatlak-2, Uttar Banga Local-18, Ladu, Sitalkuchi-6, Baigonmacchua, Kauka-selection, Radhatilak, Birali-selection, Dudhekalam-1, Thuri, Phoolpakari-1, Uttar Banga Local-2, Uttar Banga Local-7, Dudhekalam-9, Boichi, Uttar Banga Local-5, Sada Mala, Jashoya, Uttar Banga Local-15, Tarai Research Society-1, Uttar Banga Local-16, Jaldhyapa-AD, Tarapakari-selection, Khasa, Kalakali, Rampha, Lagidhan, Ronga Komal, Uttar Banga Local-19, Badshabhog, Kataribhog, Satia, Kalo Nunia	34
Variagated brown	Kharadhan, Tarai Research Society-3, Chinakamani, Kalokhasha, Tarai Research Society-4, Konkonijoha, Tulsibhog	7
Dark brown	Chakhao Sempak, Tarai Research Society-2, Dudheswar, Binni, Sitalkuchi-3, Phoolpakari-2, Bonnidhan, Uttar Banga Local-3, Uttar Banga Local-6, Dubari Komal, Sada Nunia, Sial Bhomra, Kalturey	13
Light red	Kashiya Binni, Beto, Sitalkuchi-5, Laldhyapa, Jonroi Buna, Fudugey, Uttar Banga Local-14, Jhapaka, Uttar Banga Local-3-1, Mangamuthi, Biroi, Silathia Bora, Kauka, Kabra, Khama, Singara, Birali	17
Red	Sitalkuchi-2, Bitti, Kalshepa, Kaike, Malbati, Kaloboichi, Betho, Marichsal	8
Purple	Kharadhan	1
Dark purple	Chakhao Poireiton, Chakhao Angangbi, Chakhao Amubi, Chakhao-Selection-2, Sadabhatkalo	5
Greenish*	Uttar Banga Local-13, Uttar Banga Local-12, Kola Joha-Small, Kola Joha-Big, Kalobhog-Selection, Kalojeera and Radhunipagal	7

*Esta classe não foi mencionada em "Guidelines for the Conduct of test for DUS on rice (*Oryza sativa* L.). Protection of Plant Varieties and Famrer's Right Authority (PPV & FRA), Governo da Índia, Nova Deli. No entanto, algumas variedades apresentaram grãos decorticados de cor esverdeada (Surje Dinesh Tulsiram, 2016).

Tabela 3.11. Classificação com base no endosperma: teor de amilose

States	Farmers' Variety	No. of cultivars
Very low (<10%)	Dubari Komal, Silathia Bora, Hatidat Komal, Sada Nunia, Bora, Jasawa-AD, Chakhao-Selection-2, Chakhao-Selection-1, Chapka Chakhao, Binni	10
Low (10-19%)	Ronga Komal, Ghee Bora, Bonnidhan, Uttar Banga Local-8, Ayangleima Phou, Chakhao Amubi, Dharam Phou, Chakhao Poireiton, Chakhao Sempak, Phorenmubi, Chakhao Angangbi, Chakhao-Selection-3	12
Medium (20-25%)	Konkoni Joha, Khasa, Kalakali, Biroi, Radhunipagal, Jailung Lal Komal, Marichsal, Kola Joha-Small, Kalturey, Tulaipanji-AD, Sial Bhomra, Uttar Banga Local-19, Kola Joha-Big, Mohanbhog, Badshabhog, Kataribhog, Kabra, Satia, Kalobhog-selection, Sadamala, Malbati, Dhyapa, Uttar Banga Local-3, Kaloboichi, Tarai Research Society-1, Uttar Banga Local-16, Pahariboichi, Jaldhyapa-AD, Tarapakari-selection, Sadabhatkalo, Munimahuauri, Kagey, Uttar Banga Local-17, Kalojeera, Tulaipanji, Bitti, Garu Chakhua, Dudheswar-AD, Boichi, Jhapaka, Uttar Banga Local-12, Chinakamani, Radhatilak, Dudhekalam-1, Jonroi Buna, Sitalkuchi-4, Kalokhasa, Sitalkuchi-3, Kalodhyapa, Tarai Research Society-3, Tulsimukul, Kashiya Binni, Uttar Banga Local-13, Radhatilak-2, Beto, Sitalkuchi-5, Sitalkuchi-6, Tarai Research Society-2, Pahariboichi-selection, Maitee, Jaldhyapa-2	61
High (26-30%)	Rampha, Lagidhan, Singara, Birali, Kalo Nunia, Gobindobhog, Tulsibhog, Kauka, Jhagarikartick, Khama, Uttar Banga Local-5, Tarapakari, Kaike, Uttar Banga Local-15, Uttar Banga Local-3-1, Mangamuthi, Uttar Banga Local-6, Uttar Banga Local-11, Tarai Research Society-4, Betho, Fudugey, Malshira, Phoolpakari-1, Uttar Banga Local-2, Uttar Banga Local-7, Uttar Banga Local-14, Dudhekalam-9, Kalshepa, Dudhekalam Motajasawa, Kharadhan, Kauka-selection, Sitalkuchi-1, Birali-selection, Thuri, Phoolpakari-2, Sitalkuchi-2, Jaldhyapa-3, Kharadhan, Uttar Banga Local-9, Uttar Banga Local-18, Seshphal, Ladu, Baigonbuchi, Panikuthi Shyamlal, Baigonmacchua, Laldhyapa, Dudheswar, Uttar Banga Local-10	49
Very high (>30%)	-	0

A extensão do conteúdo de amilose no endosperma foi classificada em cinco categorias, como muito baixa (<10%), baixa (10-19%), média (20-25%), alta (26-30%) e muito alta (>30%).

Dez cultivares locais mostraram conteúdo muito baixo de amilose no endosperma (Tabela 3.11), 12 mostraram baixo conteúdo de amilose (Tabela 3.11), 61 mostraram conteúdo médio e 49 mostraram alto conteúdo de amilose no endosperma. Nenhum deles apresentou um teor muito elevado de amilose no endosperma. O teor de amilose é um parâmetro importante da qualidade do grão de arroz no que respeita à preferência do consumidor. Na Índia, os consumidores preferem um teor médio (20-25%) de amilose no endosperma e este é um parâmetro importante para a promoção de entradas de arroz durante o All India Rice Improvement Project (AICRIP) do Conselho Indiano de Investigação

Agrícola, Índia (Anónimo, 2017). O teor de amido (amilose) do arroz é um fator muito importante no rendimento do grão, no processamento e na palatabilidade.

1.1.4.8. Baseado em grãos descorticados: Aroma

O facto de uma variedade ser ou não perfumada pode ser detectado durante a antese, a moagem e/ou a cozedura. A observação do aroma do grão decorticado foi considerada como ausente ou presente, mas na categoria presente também é classificada em dois tipos, como aroma forte e aroma suave. Das 132 cultivares locais, 25 foram consideradas fortemente aromáticas (Quadro 3.12), 23 foram consideradas medianamente aromáticas e as restantes 84 foram consideradas não aromáticas. O subcontinente indiano tem a *dádiva natural* do arroz basmati, que foi aceite como o grão mais perfumado, longo e fino nos mercados nacional e internacional e obtém um preço elevado. Para além do Basmati, são cultivadas tradicionalmente muitas variedades autóctones locais que se distinguem pelo aroma, qualidade do grão e qualidade culinária.

Um grande número de cultivares locais aromáticas está disponível no nosso país, particularmente nos estados do leste e nordeste. Muitos investigadores relataram cultivares locais aromáticas de arroz nos seus artigos de investigação (Chakrabary *et al.*, 2012; Das *et al.*, 2012; Tirkey *et al.*, 2013; Semwal *et al.*, 2014). Muitas cultivares locais têm um aroma forte, mas os seus outros caracteres de planta e/ou de grão podem não estar *ao nível* dos genótipos modernos de alto rendimento. A maior parte destas cultivares locais aromáticas são pouco produtivas, por exemplo, Kalonunia, Tulaipanji, Kalojeera, Mohanbhog, etc. Por outro lado, poucas cultivares aromáticas locais possuem uma capacidade de produção elevada, como Gobindobhog, Badshabhog, etc. Estas cultivares locais podem ser cultivadas através da normalização de práticas agronómicas modernas. Em Bengala Ocidental, este arroz fortemente perfumado é geralmente utilizado na preparação de *Khir* em ocasiões especiais e também oferecido durante diferentes pooja.

Com a crescente procura de arroz aromático no mercado internacional, até à data foi dada grande ênfase ao melhoramento do arroz Basmati. As variedades autóctones de arroz aromático de grão pequeno e médio, que possuem um aroma, uma qualidade de grão, uma qualidade culinária e um sabor excepcionais, foram negligenciadas. Com a introdução de genótipos de arroz de elevado rendimento, as variedades autóctones que incluem a qualidade aromática estão a deixar de ser cultivadas. Um grande número de arroz aromático já se perdeu e muitos estão à beira da extinção. Por conseguinte, estes genótipos locais têm de ser recolhidos e avaliados com vista à exploração da sua variabilidade genética para o desenvolvimento de uma cultivar aromática adequada de tipo não Basmati. Além disso, a gestão dos recursos genéticos autóctones do arroz aromático através da caraterização e documentação contribui para a proteção destes recursos biológicos únicos. O melhoramento do arroz aromático utilizando os recursos biológicos existentes não só ajudaria os agricultores a produzir grãos de melhor qualidade, como também geraria mais receitas de exportação. As variedades de arroz têm sido desenvolvidas tradicionalmente por seleção, hibridação e seleção de retrocruzamento com genótipos de elevado rendimento adoptados localmente. O número de linhas parentais é muito limitado, o que conduz a uma base genética estreita. A uniformidade genética da cultura pode ser indesejável em termos de vulnerabilidade da cultura a epidemias. Uma nova fonte importante para a introdução de novas características ou o desenvolvimento de um novo tipo de planta é a existência de um património genético geneticamente diversificado de arroz perfumado no nosso país. Foram feitos poucos esforços para utilizar as variedades autóctones locais de arroz de cheiro para o seu melhoramento.

Em suma, as cultivares locais desejáveis podem ser seleccionadas para cultivo direto após a normalização de práticas agronómicas modernas com base no agrupamento das cultivares locais nesta comunicação. As cultivares locais de grupos desejáveis podem também ser utilizadas como dadores em programas de melhoramento do arroz.

Tabela 3.12. Classificação com base nos grãos decorticados: aroma

States	Farmers' Variety	No. of cultivars
Strong	Kalo Nunia, Kalobhog-selection, Badshabhog, Chinakamani, Mohanbhog, Tulaipanji, Kalojeera, Gobindobhog, Tulsibhog, Konkoni Joha, Kola Joha-Small, Kola Joha-Big, Rampha, Kabra, Birai, Ghee Bora, Jailang Lal Komal, Silathia Bora, Garu Chakhua, Bora, Munimahuauri, Kalturey, Khasa, Chakhao Poireiton, Radhunipagal	25
Mild aroma	Sial Bhomra, Jhagarikartik, Bitti, Sada Nunia, Kataribhog, Khama, Baigonmacchua, Tulaipanji-AD, Uttar Banga Local-19, Laldhyapa, Singara, Kalakali, Marichsal, Kauka, Lagidhan, Dubari Komal, Hatidat Komal, Ronga Komal, Uttar Banga Local-7, Uttar Banga Local-8, Uttar Banga Local-12, Uttar Banga Local-16, Tarai Research Society-4	23
No aroma	Sada Mala, Phoolpakari-1, Phoolpakari-2, Biroi, Kagey, Fudugey, Jhapaka, Radhatilak-AD-1, Radhatilak-2, Tarapakari, Tarapakari-Selection-1, Seshphal, Dudhekalam-1, Dudhekalam-9, Dudhekalam Motajosawa, Jashoya, Betho , Dudheswar–AD, Dudheswar, Dhyapa, Jasawa-AD, Pahariboichi, Pahariboichi-Selection, Binni, Jaldhyapa-AD, Jaldhyapa-2, Jaldhyapa-3, Boichi, Kauka-selection, Kaloboichi, Mangamuthi, Kalodhyapa, Kalshepa, Sadabhatkalo, Thuri, Kharadhan, Ladu, Beto, Malshira, Kaike, Malbati, Birali-selection, Satia, Bonnidhan, Khaiyamdhan, Kashiya Binni, Tulsimukul, Maitee, Kalokhasa, Panikuthi Shyamlal, Baigonbuchi, Jonroi Buna, Chapka Chakhao, Dharam Phou, Ayangleima Phou, Chakhao Amubi, Chakhao Sempak, Chakhao- Selection-1, Chakhao- Selection-2, Phorenmubi, Chakhao-Selection-3, Chakhao Angangbi, Sitalkuchi-1, Shitalkuchi-2, Sitalkuchi-3, Sitalkuchi-4, Sitalkuchi-5, Sitalkuchi-6, Tarai Research Society-1, Tarai Reserch Society-2, Tarai Research Society-3, Uttar Banga Local-2, Uttar Banga Local-3, Uttar Banga Local-3-1, Uttar Banga Local-5, Uttar Banga Local--6, Uttar Banga Local-9, Uttar Banga Local-10, Uttar Banga Local-11, Uttar Banga Local-13, Uttar Banga Local-14, Uttar Banga Local-15, Uttar Banga Local-17, Uttar Banga Local-18	84

1.1.4.9. Com base na orientação especial para as características do alojamento

O acamamento é o estado de deslocação permanente dos caules da sua posição vertical. É induzido por forças externas, como o vento, a chuva ou o granizo. Muitas vezes, o acamamento não se distribui uniformemente por todo o campo afetado, mas pode estar disperso em certas secções ou pontos. O acamamento constitui um sério obstáculo à produção vegetal. O acamamento perturba o processo de maturação, diminui o rendimento da cultura e provoca uma má qualidade do grão (Kono, 1995). O acamamento é um dos factores que causa a redução do rendimento do grão em até 50% no arroz, especialmente no arroz em ambientes de alto rendimento (Setter *et al*., 1997). A ocorrência de acamamento é comum em cultivares tradicionais de arroz de porte alto. As causas do acamamento são muitas, sob parâmetros climáticos normais, crescimento excessivamente luxuriante devido à aplicação excessiva de azoto, elevada densidade de plantação e campos bem irrigados (Pham *et al*., 2004). Numa comunidade de plantas acamadas, a estrutura normal da copa é destruída, levando a uma redução da capacidade fotossintética e da acumulação de matéria seca (Hitaka, 1969). O acamamento severo impede o transporte de água, nutrientes e assimilados através do xilema e do floema, resultando numa redução dos assimilados para o enchimento dos grãos (Kashiwagi *et al*., 2005). A germinação *in situ* pode ocorrer em plantas acamadas e, consequentemente, o acamamento pode causar grandes perdas no rendimento e na qualidade dos grãos. A resistência mecânica depende em grande medida dos componentes químicos e bioquímicos da parede celular (Kashiwagi e Ishimaru, 2004; Kashiwagi *et al*., 2008; Kong *et al*., 2017). Geralmente, a lenhina e a celulose, que são os principais componentes bioquímicos dos tecidos vegetais, particularmente nos feixes vasculares, estão intimamente associados à resistência mecânica do caule (Yang *et al*., 2009). A celulose constitui geralmente 20-30% ou 40-90% do peso seco das paredes primárias ou secundárias, respetivamente, variando com o tipo de célula (Taylor *et al*., 1999). Além disso, a lenhina pode ser incorporada na parede celular para aumentar a sua resistência mecânica.

Os materiais experimentais consistiram em 59 cultivares locais de arroz colhidos principalmente nas regiões do norte de Bengala Ocidental e Assam e foram utilizados neste estudo. As experiências de campo foram efectuadas em três conjuntos diferentes. i) *Condição de irrigação* - a água parada foi mantida a partir de 20 dias após o transplante até o estágio de enchimento de grãos, fornecendo água pela chuva ou por suplementação de água como e quando necessário, ii) A *condição de seca artificial* foi criada no estágio reprodutivo logo antes da antese pela aplicação de 0,6% de solução de iodeto de potássio (KI), conforme descrito por Blum *et al*, (1983a&b), Regan *et al*, (1993) e Tyagi *et al*, (2000), Este conjunto de experiências foi irrigado sempre que necessário, iii) Em *condições de stress natural de seca terminal*, as culturas foram transplantadas em condições de sequeiro e não foi aplicada qualquer irrigação suplementar. Durante a fase reprodutiva, o campo foi drenado para permitir a sua secagem e o desenvolvimento do stress, A retirada da monção na zona Terai de Cooch Behar ocorre geralmente durante a primeira quinzena de outubro, enquanto as raças tradicionais de arroz florescem durante a segunda quinzena de outubro até à primeira quinzena de novembro. Assim, se não houver irrigação suplementar após a retirada da monção, a cultura sofre de seca terminal, a gravidade do acamamento na maturidade foi avaliada visualmente numa escala de 0-9 (IRRI, 2013; Zhu *et al*,, 2016) onde 0 era totalmente ereto e 9 era totalmente alojado, e dado na Tabela 3,13, Considerando a importância do alojamento em relação ao rendimento do grão no arroz, a pontuação do alojamento foi registada para padronizar o estado de 59 cultivares tradicionais de arroz em relação à tolerância ou suscetibilidade ao alojamento,

Tabela 3.13. Padrão de pontuação para o acamamento em arroz (IRRI, 2013)

Score	Remarks	Classification
0	No plants are lodged	Highly lodging tolerant
1	Less than 20% plants are lodged	Moderately lodging tolerant
3	20-40% of plants are lodged	
5	41-60% of plants are lodged	Moderately lodging susceptible
7	61-80% of plants are lodged	
9	More than 80% of plants are lodged	Highly lodging susceptible

Pontuação de alojamento na Irrigated Condition

As pontuações de acamamento em condições de irrigação foram dadas no Quadro 3,14, de acordo com as conclusões de Debbarma e Roy (2017), Nenhuma planta se acamou na parcela de Boichi e Seshphal, Como estas cultivares permaneceram de pé mesmo em condições de irrigação, estas cultivares foram classificadas como *altamente tolerantes ao acamamento*, Kagey mostrou menos de 20% de plantas acamadas. Assim, a Kagey pode ser tratada como *moderadamente tolerante ao acamamento* em condições de regadio.

A Jashyopa apresentou 61-80% de plantas alojadas em condições de irrigação e é tratada como *moderadamente suscetível ao alojamento* em condições de irrigação. A maior parte das cultivares revelou-se *altamente suscetível ao acamamento* e mais de 80% das plantas dessas raças tradicionais de arroz acamaram em condições de regadio. Foram registadas 55 raças tradicionais de arroz altamente susceptíveis ao acamamento em condições de regadio (Quadro 3.14).

Tabela 3.14. Índice de acamamento de cultivares de arroz em condições de stress hídrico

Genotype/variety	No.	Remarks	Status
Lodging score at irrigated condition			
Boichi, Seshphal	02	No plants are lodged	Highly lodging tolerant
Kagey	01	< 20% plants are lodged	Moderately lodging tolerant
-	00	20-40% of plants are lodged	
-	00	41-60% of plants are lodged	Moderately lodging susceptible
Jashyopa	01	61-80% of plants are lodged	
Badshabhog, Baigon Machua, Beto, Binni, Bitti, Bonnidhan, Bora, Dhyapa, Dubari Komal, Dudhekalam, Dudheswar MotaJaswa, Dudheswar, Fudugey, Garu Chakua, Ghee Bora, Gobindabhog, Hatidat Komal, Jhagrikartik, Jhapaka, Kabra, Kalakali, Kalodhyapa, Kalojeera, Kalojoha, Kalokhasa, Kalonunia, Kalshipa, Kaltury, Kashiya binni, Kataribhog, Kauka, Kharadhan, Khasa, Konkonijoha, Ladu, Lagidhan, Laldhyapa, Malshira, Mohanbhog, Munimannanri, Panikuthi shyamlal, PhoolPakri,Radhatilak, Radunipagal, Rampha, Sadamala, Satia, Sial Bhomra, Silathia Bora, Sitalkuchi, Tarapakri, Thuri, Tulaipanji, Tulsibhog, Tulsimukul.	55	> 80% of plants are lodged	Highly lodging susceptible

Lodging score at drought stress created by spraying KI			
Boichi, Hatidat Komal, Kagey, Mohanbhog, Radhatilak, Seshphal, Sitalkuchi, Thuri	08	No plants are lodged	Highly lodging tolerant
Jhagrikartik, Khasa, Radunipagal, Rampha	04	Less than 20% plants are lodged	Moderately lodging tolerant
Kharadhan, Silathia Bora	02	20-40% of plants are lodged	
Bora, Dubari Komal, Sadamala, Satia, Tulsimukul	05	41-60% of plants are lodged	Moderately lodging susceptible
Badshabhog, Jashyopa, Kalodhyapa, Kauka, Sial Bhomra, Garu Chakua, Gobindabhog, Kataribhog, Konkonijoha, Laldhyapa, Malshira	11	61-80% of plants are lodged	
Baigon Machua, Beto, Binni, Bitti, Bonnidhan, Dhyapa, Dudhekalam, Dudheswar MotaJaswa, Dudheswar, Fudugey, Ghee Bora, Jhapaka, Kabra, Kalakali, Kalojeera, Kalojoha, Kalokhasa, Kalonunia, Kalshipa, Kaltury, Kashiya binni, Ladu, Lagidhan, Munimannanri, Panikuthi shyamlal, PhoolPakri, Tarapakri, Tulaipanji, Tulsibhog	29	More than 80% of plants are lodged	Highly lodging susceptible
Lodging score at normal drought stress			
Baigon Machua, Boichi, Dhyapa, Garu Chakua, Ghee Bora, Gobindabhog, Hatidat Komal, Kagey, Kalojeera, Kalojoha, Kaltury, Kataribhog, Kharadhan, Khasa, Konkonijoha, Laldhyapa, Mohanbhog, Panikuthi shyamlal, Sadamala, Seshphal, Sial Bhomra, Thuri, Tulsimukul	23	No plants are lodged	Highly lodging tolerant
Badshabhog, Bonnidhan, Jhagrikartik, Kalodhyapa, Kalokhasa, Kalshipa, Kauka, Malshira, PhoolPakri, Satia, Tulsibhog	11	Less than 20% plants are lodged	Moderately lodging tolerant
Kashiya binni, Sitalkuchi	02	20-40% of plants are lodged	
Bora, Dubari Komal, Ladu	03	41-60% of plants are lodged	Moderately lodging susceptible
Binni, Dudhekalam, Jashyopa, Kalonunia, Silathia Bora	05	61-80% of plants are lodged	
Beto, Bitti, Dudheswar MotaJaswa, Dudheswar, Fudugey, Jhapaka, Kabra, Kalakali, Lagidhan, Munimannanri, Radhatilak, Radunipagal, Rampha, Tarapakri, Tulaipanji	15	More than 80% of plants are lodged	Highly lodging susceptible

Pontuação de alojamento na seca criada pela pulverização de KI

Oito cultivares, nomeadamente Boichi, Hatidat Komal, Kagey, Mohanbhog,

Radhatilak, Seshphal, Sitalkuchi e Thuri, foram altamente tolerantes ao acamamento em ambiente de seca criado pela pulverização de KI e nenhuma planta dessas cultivares foi observada como estando acamada (Quadro 3.14). De acordo com as conclusões de Debbarma e Roy (2017), foram registadas menos de 20% de plantas alojadas em Jhagrikartik, Khasa, Radunipagal e Rampha. Duas cultivares, nomeadamente, Kharadhan e Silathia Bora apresentaram 20-40% de plantas alojadas. Estas seis raças tradicionais de terra eram moderadamente tolerantes ao acamamento.

As raças Bora, Dubari Komal, Sadamala, Satia e Tulsimukul registaram um acamamento de 41-60%. Onze raças tradicionais, nomeadamente, Badshabhog, Jashyopa, Kalodhyapa, Kauka, Sial Bhomra, Garu Chakua, Gobindabhog, Kataribhog, Konkoni Joha, Laldhyapa e Malshira apresentaram 61-80% de acamamento. Assim, um total de 16 raças tradicionais foram moderadamente tolerantes ao acamamento em condições de seca criadas pela pulverização de KI. Vinte e nove raças tradicionais apresentaram mais de 80% de acamamento em condições de seca criadas por pulverização de KI (Quadro 3.14) e estas cultivares foram consideradas altamente susceptíveis ao acamamento.

Pontuação de alojamento no Terminal Normal Drought

Vinte e três raças tradicionais de arroz (Quadro 3.14), nomeadamente Baigon Machua, Boichi, Dhyapa, Garu Chakua, Ghee Bora, Gobindabhog, Hatidat Komal, Kagey, Kalojeera, Kalo Joha, Kaltury, Kataribhog, Kharadhan, Khasa, Konkoni Joha, Laldhyapa, Mohanbhog, Panikuthi Shyamlal, Sadamala, Seshphal, Sial Bhomra, Thuri e Tulsimukul foram identificadas como altamente tolerantes ao acamamento em condições normais de seca terminal (Debbarma e Roy, 2017). Não foi registado qualquer acamamento na população destas raças tradicionais em condições normais de seca terminal. As cultivares que apresentaram menos de 20% de acamamento foram Badshabhog, Bonnidhan, Jhagrikartik, Kalodhyapa, Kalokhasa, Kalshipa, Kauka, Malshira, Phoolpakri, Satia e Tulsibhog (Quadro 3.14). Duas cultivares, tais como, Kashiya Binni e Sitalkuchi tinham 2040% de plantas alojadas. O conjunto destas 13 raças tradicionais foi classificado como moderadamente tolerante ao acamamento.

Três cultivares, como Bora, Dubari Komal e Ladu, apresentaram 41-60% de plantas alojadas nas suas respectivas populações. Binni, Dudhekalam, Jashyopa, Kalonunia e Silathia Bora apresentaram 61-80% de plantas com acamamento. Estas cinco raças tradicionais foram classificadas como moderadamente susceptíveis ao acamamento (quadro 3.14). Quinze cultivares, ou seja, Beto, Bitti, Dudheswar Mota Jaswa, Dudheswar, Fudugey, Jhapaka, Kabra, Kalakali, Lagidhan, Munimannanri, Radhatilak, Radunipagal, Rampha, Tarapakri e Tulaipanji apresentaram mais de 80% de plantas alojadas na sua respectiva população de plantas e foram consideradas altamente susceptíveis ao alojamento em condições normais de seca terminal.

Boichi e Seshaphal foram consideradas altamente tolerantes ao acamamento nos três ambientes. Essas duas cultivares apresentaram força de colmo 'forte' nos três ambientes (Quadro 3.14). Seshaphal teve a planta mais curta (110,47 cm) entre os materiais estudados e Seshaphal pode ser classificada como muito curta (< 91 cm excluindo a panícula) (PPV&FRA, 2007). As plantas de baixa estatura têm um "centro de gravidade" mais baixo do que as plantas normais, o que melhora a sua resistência à pressão de flexão. A proporcionalidade entre a força física dos entrenós inferiores e o peso das partes superiores determina a suscetibilidade de uma planta ao acamamento (Mulder, 1954). Nos cereais, a redução da altura das plantas tem sido o principal objetivo para melhorar a resistência ao acamamento. Os melhoradores de plantas reduziram os riscos de acamamento introduzindo características de semi-anão para produzir cultivares mais curtas, o que conduziu à Revolução Verde (Khush, 1999). As plantas anãs e semi-anãs têm uma maior resistência ao acamamento no caule e a sua resistência à rutura é significativamente reduzida. A fim de reduzir a ocorrência de acamamento na produção de arroz, os criadores utilizaram os genes de semi-anão para produzir variedades mais curtas (Wilhelm *et al.*, 2013).

O aumento da altura da planta é geralmente atribuído ao acamamento na maioria das vezes (Rajkumara, 2008). No entanto, isto nem sempre é aplicável. A Boichi também foi considerada tolerante ao acamamento (Quadro 3.14). No entanto, foi interessante notar que o Boichi tinha plantas altas (152,28 cm) e, ao mesmo tempo, era resistente ao acamamento nos três ambientes. Um resultado semelhante foi também observado no trigo (Rajkumara, 2008). Rajkumara (2008) relatou que a variedade de trigo Baviacora, uma variedade tolerante, apesar de ter 103 cm de altura de planta, registou baixo acamamento (6%) devido ao baixo número de perfilhos/m^2 (413) com maior diâmetro do primeiro (3,915 mm), segundo (4,216 mm) e terceiro entrenós basais. Pelo contrário, a Pastor com altura semelhante (101 cm) é propensa ao acamamento (55%) devido ao maior número de perfilhos/m^2 (482) e menor diâmetro dos entrenós. Assim, a cultivar Boichi tinha caules realmente fortes para resistir ao acamamento. A altura da planta não foi necessariamente o fator mais importante na determinação da resistência ao acamamento (Ookawa e Ishihara, 1992), mas o comprimento longo do colmo e o grande índice de área foliar das variedades de arroz podem causar um aumento do momento de flexão (Laza *et al.*, 2001), resultando num elevado índice de acamamento (Islam *et al.*, 2007). Uma vez que *o smosl* (um mutante de arroz com caule rígido) possui uma elevada resistência ao acamamento do tipo quebra, que é diferente das plantas semi-anãs com elevada resistência ao acamamento do tipo flexão, é proposta uma abordagem alternativa de utilização de linhas de caule grosso para a criação de arroz com maior resistência ao acamamento (Hirano *et al.*, 2014).

O número de raças tradicionais altamente susceptíveis ao acamamento foi de 55, 29 e 15 em condições de regadio, de seca criada pela pulverização de KI em condições de regadio e de seca terminal normal, respetivamente (Quadro 3.14). Verificou-se que as cultivares de arroz eram mais susceptíveis ao acamamento em condições de regadio do que em condições de seca terminal normal e em condições de seca criadas pela pulverização de KI em condições de regadio na fase reprodutiva (Fig. 3.14). Uma observação semelhante foi também evidente nos resultados de Price *et al.* (1990). As raças tradicionais de arroz cresceram excessivamente quando o fertilizante era abundante e tornaram-se susceptíveis ao acamamento, resultando em perdas significativas de rendimento. Em contrapartida, as variedades de baixa estatura são resistentes ao acamamento, mesmo quando são excessivamente fertilizadas, e, por conseguinte, são capazes de suportar o seu próprio corpo, mesmo que seja introduzida uma caraterística de elevado rendimento de grãos. Na produção de cereais, o acamamento resultante da baixa resistência mecânica danifica gravemente os feixes vasculares (Kashiwagi *et al.*, 2008), afectando assim o transporte de água, nutrientes e reservas contidos nos órgãos vegetativos para o grão em desenvolvimento e diminuindo o rendimento e a qualidade do grão.

É amplamente conhecido que, como componentes principais, a celulose e a lignina são depositadas principalmente nas paredes de certas células especializadas, como os elementos traqueais, o esclerênquima e as fibras do floema. Considerando que a celulose e a lignina conferem rigidez e suporte estrutural à parede e auxiliam fortemente no transporte de água e nutrientes dentro do tecido do xilema, diminuindo a permeabilidade da parede celular (Ma *et al.*, 2002).

1.1.5. Características especiais das cultivares locais de arroz

Para além das variedades tradicionais de arroz branco ou comum, são cada vez mais procuradas variedades especiais de arroz com propriedades únicas, tais como sabor, aroma (aromas únicos), cor (vermelho, roxo), nutrição (brilho, viscosidade e textura suave), composição química, estética, cerosidade (teor muito baixo de amilose) e qualidades superiores de processamento. No "Repositório de Arroz" da UBKV, estão também disponíveis algumas cultivares locais. Estas características especiais são abordadas mais adiante.

1.1.5.1. Grãos multicamadas

Jugal - uma cultivar de arroz tradicional de Bengala Ocidental tinha múltiplos (2-3) grãos por espigueta (Fig. 3.15). Foram estudados os caracteres de desenvolvimento de grãos com vários grãos. A marcação dos floretes foi efectuada no dia da antese. Os floretes marcados foram retirados em dias alternados até à maturidade fisiológica para observação e registo de dados. Fotografias das espiguetas descascadas em diferentes estádios de maturidade foram tiradas em microscópio simples e estéreo.

Fig. 3.14. Estado de dormência em diferentes situações. **A) Estado de dormência em condição** normal de seca terminal; **B) Estado de dormência** em condição de seca terminal com pulverização de KI; **C)** Estado de dormência em condição de irrigação

A incidência de grãos simples, duplos e triplos por espigueta em *Jugal* foi de 39,60, 58,82 e 1,58%, respetivamente (Fig. 3.15). Este resultado corroborou os resultados de Chakrabarty *et al.* (2012), Roy *et al.* (2013), Roy e Surje (2016). Eles constataram que a ocorrência de grãos simples, duplos e triplos por espigueta foi de 41,3, 53,7 e 5%, respetivamente. Este resultado também foi corroborado pelos resultados de Jarvis *et al.* (2008); Kumar *et al.* (2010). Paul *et al.* (2012) observaram plântulas gémeas e triplas em até 20% das sementes. Os embriões múltiplos, na sua maioria gémeos e trigémeos, e raramente quadrigémeos, desenvolveram-se através de clivagem sequencial a partir de um único embrião zigótico em cada óvulo (Paul *et al.* 2012). De acordo com a observação de Paul *et al.* (2012), as plântulas múltiplas devem-se à proliferação sequencial e à clivagem dos embriões zigóticos, não estando o tecido nucelar envolvido no desenvolvimento de embriões múltiplos.

O arroz é um fruto com uma única semente e geralmente produz um grão por espigueta. A literatura antiga sobre anatomia do desenvolvimento conclui que as espiguetas de arroz são primitivamente de três grãos, dos quais os dois laterais se tornaram vestigiais (daí o "***lema estéril***"). Seria interessante saber se as espiguetas com vários grãos são uma reversão ao tipo primitivo ou uma nova divisão do grão central (Annonymous, 2015). Este carácter excecional não está presente no *quadro de características* das "Directrizes para a realização de testes de distinção, uniformidade e estabilidade em arroz (*Oryza sativa* L.)" publicadas pela PPV e pela FR Authority, Governo da Índia para o arroz (PPV&FRA, 2007). Pode ser incluído como carácter distintivo para a identificação e registo de variedades ao abrigo da Lei PPV & FR (2001).

Outras características importantes são enumeradas a seguir.

- É uma variedade de arroz *Aman* semeada em maio-junho em terrenos médios e baixos.
- Arroz de longa duração, leva cerca de 160 dias a colher a cultura, alta, portanto, suscetível ao acamamento.
- É muito sensível ao fotoperíodo e só pode ser cultivado em *Aman* (arroz de inverno).
- Não apresenta qualquer aroma após a cozedura.
- Apresenta grãos simples, duplos e triplos numa única espigueta.
- A cor do coleotilo é púrpura claro.
- Estigma roxo.

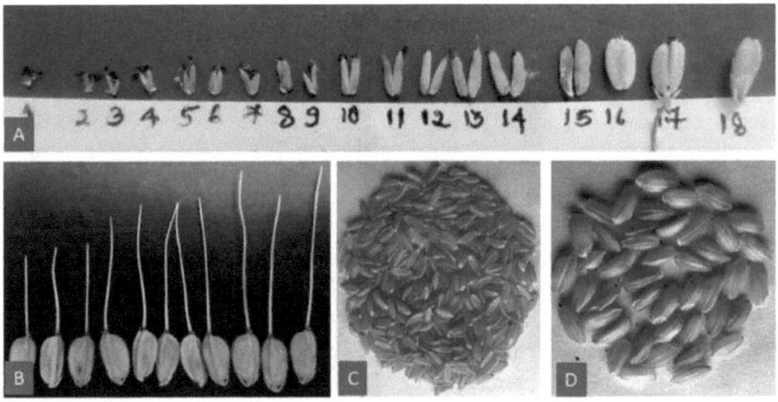

Fig. 3.15. Espiguetas e grãos da variedade dos agricultores - *Jugal.* A) A espigueta com núcleo duplo mostra as diferentes fases do seu crescimento desde o dia da antese até 18th dias após a antese. **B) Espigueta** com awn; **C)** Grãos da espigueta com núcleo duplo; **D)** Grãos da espigueta com núcleo simples.

1.1.5.2. Lema do Estéril Longo

A principal caraterística do Rami Gelee é o facto de ter um longo lema estéril (Fig. 3.16). No género *Oryza* (arroz), a espigueta única é constituída por um florete fértil subordinado por um lema e uma palea, dois lemas estéreis e glumas rudimentares. Cada lema estéril é um pequeno órgão semelhante a uma gluma com uma superfície lisa.

As lemas estéreis são as duas brácteas sem flores na base da espigueta. O arroz produz um único florete fértil dentro de uma espigueta. O florete é ladeado por um par de órgãos semelhantes a glumas, que não são normalmente observados nas espiguetas de outras gramíneas, como o milho e o trigo. Foi proposta a hipótese de que estes órgãos semelhantes a glumas são derivados dos lemas de dois floretes estéreis que foram reduzidos durante a evolução de *Oryza*. De acordo com esta hipótese, estes órgãos deveriam ser designados por lemas estéreis em vez de glumas vazias, embora ambas as terminologias tenham sido utilizadas de forma confusa na literatura sobre o arroz. No entanto, o tamanho e a identidade das lemas estéreis diferem muito dos das glumas.

O comprimento é medido em mm e efectuado em cada um dos dois lemas estéreis na pós-colheita. De acordo com a classificação do IRRI (http://irgcis.irri.org:81/grc/ CodedValue/ valid_sterile_lem_lt.htm), a Rami Gelee tinha um lema estéril extra-longo. As outras características morfo-agronómicas de Rami Gelee foram estudadas em pormenor com base nas "Guidelines for Conduct of Test for Distinctiveness, Uniformity and Stability on Rice (*Oryza saliva* L.)"

publicadas pela PPV and FR Authority, Government oflndia para o arroz e apresentadas no quadro 3.17.

Geralmente, os lemas estéreis são muito mais pequenos do que o lema fértil e não dão flor, daí o seu nome "estéril". Os lemas estéreis de Rami Gelee excedem, na maioria das vezes, o comprimento do lema fértil e da palea (Fig. 3.16). O comprimento médio do lema estéril foi de 9,09 mm, enquanto o comprimento do lema fértil foi de 8,67 mm. Rami Gelee apresentou o lema estéril mais longo. O lema estéril de todas as outras raças terrestres tradicionais era muito mais curto do que o lema fértil. A cor do lema fértil é castanho escuro, enquanto os lemas estéreis são brancos simples (Fig. 3.16). O tipo de grão de Rami Gelee era longo e arrojado, a cor do lema e da pálpea era castanha escura e a cor do grão era castanha clara.

De acordo com a descrição de Chang *et al.* (1965), uma espigueta é constituída por um eixo minúsculo (ráquila) no qual se encontra um único florete nas axilas de brácteas de 2 ordens. As brácteas do par inferior da ráquila, sendo sempre estéreis, constituem os "lemas estéreis". As brácteas superiores ou glumas floridas são constituídas pelo lema (lema fértil) e pela pálpea. O lema, a palea e a flor incluída formam o florete. O lema e a palea raramente excedem um terço do comprimento da última (Chang *et al.*, 1965). Os lemas estéreis podem ser iguais ou desiguais em tamanho, sendo o superior geralmente maior.

Fig. 3.16. A cultivar local de arroz - Rami gelee. A) Panícula em condições de campo; **B&C)** Grãos de Rami Gelee mostrando lemas estéreis extra-longos de cor branca.

1.1.5.3. Panícula agrupada

Thuri tem panículas agrupadas (Fig. 3.17). É uma cultivar tolerante ao acamamento. As **características morfo-agronómicas** foram estudadas em pormenor com base nas "Guidelines for Conduct of Test for Distinctiveness, Uniformity and Stability on Rice (*Oryza sativa* L.)" publicadas pela PPV e FR Authority, Government oflndia for Rice e apresentadas no Quadro 3.17.

Fig. 3.17. A cultivar local - Thuri. A) Cultura em pé; **B)** grão descascado de Thuri; **C)** Panícula de Thuri.

Em geral, *um pedicelo* tem uma espigueta numa panícula. No repositório da cultivar local de Uttar Banga Krishi Viswavidyalaya, Narkeldari e Thuri mostraram panículas agrupadas (Fig. 3.18). A frequência de distribuição de espiguetas por cachos em Thuri variou de 1 a 4 e de 1 a 6 em Narkeldari. O hábito de agrupamento parece resultar principalmente da redução do comprimento do pedicelo. Esta caraterística resultou numa elevada densidade de grãos numa panícula. Este resultado também corroborou os resultados de Chakrabarty *et al.* (2012), para a FV Khejurchari. Os resultados de Sahu *et al.* (2014) para as raças tradicionais Amajhopa, Kaudidhul, Chhindguchhi, Nariyal Phool e Amaruthi também confirmaram a existência de panículas agrupadas nas raças tradicionais. As características da panícula e do grão de Thuri são apresentadas no Quadro 3.17. Apresenta a maior densidade de grãos e reduzida esterilidade de espiguetas. O seu tipo de grão é longo e arrojado, com lema e pálpebra de cor palha, e cor castanha clara do grão.

1.1.5.4. Miolo escuro arroxeado

Sadabhat Kalo é uma cultivar tradicional de Bengala Ocidental. A caraterística interessante do grão desta FV é que todo o endosperma é de cor púrpura escura, mas a casca desta cultivar é de cor palha (Roy *et al.*, 2013; Roy e Surje, 2016). As características morfo-agronómicas foram estudadas em detalhe com base nas "Guidelines for Conduct of Test for Distinctiveness, Uniformity and Stability on Rice (*Oryza sativa* L.)" publicadas pela PPV e FR Authority, Government oflndia para o arroz e apresentadas no Quadro 3.19.

O arroz cozinhado era também de cor preta. Tem uma camada de farelo (camadas protectoras internas do grão de arroz) de cor púrpura escura a preta, mas é de notar que esta cor se mantém no próprio grão, pelo que, quando os grãos são moídos, mantêm a cor púrpura a lavanda, dependendo do grau de moagem. Outras características da panícula e do grão são apresentadas no Quadro 3.16. O tipo de grão era longo e arrojado, a cor do lema e da pálea era mancha púrpura ou sulcos na palha, e a cor do grão era púrpura escuro (Fig. 3.17D). O arroz mais comum consumido pelos seres humanos é o arroz branco, seguido do arroz castanho. No entanto, os genótipos de arroz com uma camada de farelo vermelho/roxo ou preto são cultivados há muito tempo na Ásia (Ahuja *et al.*, 2007).

Fig. 3.18. A cultivar local - Sadabhat Kalo. A&B) Cultura no campo em fase de maturação; **C)** Grãos não descascados de Sadabhat Kalo; **D)** Grãos descascados de Sadabhat Kalo.

Tabela 3.16. Caracterização DUS n de cultivares locais - Jugal, Kharadhan, Kalakali e Sadabhat Kalo

Sl. No	Characters	States			
		Jugal	**Kharadhan**	**Kakali**	**Sadabhat Kalo**
1	Coleoptiles: Colour	Purple	Purple	Colourless	Colourless
2	Basal leaf: Sheath colour	Green	Brown	Green	Green
3	Leaf: Intensity of green colour	Medium	-	Medium	Medium
4	Leaf: Anthocynin colouration	Absent	Present	Absent	Absent
5	Leaf: Distributn of anthocynin colouration	-	Whole	-	-
6	Leaf sheath: anthocynin colouration	Absent	Present	Absent	Present
7	Leaf sheath: Intensity of anthocynin colouration	-	Whole	-	Whole
8	Leaf: Pubescence of blade surface	Strong	Weak	Weak	Weak
9	Leaf: Auricles	Present	Present	Present	Present
10	Leaf: anthocynin colouration of auricles	Colourless	Colourless	Colourless	Colourless
11	Leaf : Collar	Present	Present	Present	Present
12	Leaf: Anthocynin colouratn of collar	Absent	Absent	Absent	Absent
13	Leaf: Ligule	Present	Present	Present	Present
14	Leaf: Shape of ligule	Split	Split	Split	Split
15	Leaf: colour of ligule	White	Brown	White	White
18	Culm: Attitude	Semi-erect	Erect	Semi-erect	Semi -erect
19	Time of heading (50% plants with panicle) (Days)	141.1	131.75	134.75	138.50
20	Flag leaf: Attitude of blade(early observation)	Erect	Erect	Erect	Erect
21	Spikelet: Density of pubescence of lemma	Weak	Weak	Weak	Weak
22	Male sterility	Absent	Absent	Absent	Absent
23	Lemma: Anthocynin colouration of keel	Very strong	Very strong	Very strong	Very strong
24	Lemma: Anthocynin colouration of area below apex	Very strong	Very strong	Very strong	Very strong
25	Lemma: Anthocynin colouration of apex	Very strong	Very strong	Very strong	Very strong
26	Spikelet: Colour of stigma	Brown	Brown	White	White
28	Stem: Length (excluding panicle;	161.45	132.8	136.7	115.85

	excluding floating rice) (cm)					
29	Stem: Anthocynin colouration of nodes		Absent	Absent	Absent	Absent
30	Stem: Intensity of anthocynin colouration of nodes		-	-	-	-
31	Stem: Anthocynin colouration of internodes		Absent	Absent	Absent	Absent
32	Panicle: Length of main axis (cm)		24.3	25.6	26.4	30.06
33	Flag leaf: Attitude of blade (late observation)		Semi-erect	Erect	Semi-erect	Semi -erect
34	Panicle: Curvature of main axis		Drooping	Drooping	Drooping	Drooping
35	Panicle: no/plant		18.80	11.60	41.60	16.60
36	Spikelet: Colour of tip of lemma		Pink	Pink	Brown	Straw
37	Lemma & Palea: Colour		Straw	Straw	Brown	Straw
38	Panicles: Awns		Present	Absent	Absent	Absent
39	Panicle: Colour of awns (late observation)		Straw	-	-	-
40	Panicle: Length of longest awn		3.6cm	-	-	-
41	Panicle: Distribution of awns		At tip of panicle	-	-	-
42	Panicle: Presence of 2ndary branching		Present	Present	Present	Present
43	Panicle: 2ndary branching		Present	Present	Present	Present
44	Panicle: Attitude of branches		Spreading	Spreading	Spreading	Spreading
45	Panicle: Exertion		Well exerted	Well exerted	Well exerted	Well exerted
46	Leaf: Senescence		Medium	Medium	Medium	Medium
47	Sterile lemma: Colour		Purple	Purple	Purple	Purple
48	Grain: weight of 1000 fully developed grains (g)		High (29.9)	High (28.5)	Low (17.2)	Medium (25.8)
49	Grain: Length (mm)		Short (7.39)	Short (8.46)	Short (7.402)	Medium (9.21)
50	Grain: Width		Medium (3.022)	Narrow (2.45)	Narrow (2.136)	Medium (2.62)
51	Decorticated grain: Length (mm)	Single	5.47	6.18	5.47	6.38
		Double	4.72			
52	Decorticated grain: Width (mm)	Single	2.73	2.17	1.98	2.37
		Double	1.57			
53	Decorticated grain: Colour		Dark brown	Dark brown	White	Dark purple
54	Decorticated grain: Aroma		Absent	Absent	Absent	Strong

O arroz colorido é considerado uma fonte potente de antioxidantes e o seu consumo é encorajado (Yawadio *et al.*, 2007; Anggraini *et al.*, 2015). O arroz preto contém antocianina relativamente alta (principalmente cianidina-3-O-glucosídeo e peonidina 3-O-glucosídeo) na camada de pericarpo que dá a cor roxa escura (Ryu *et al.*, 1998; Takashi *et al.*, 2001; Kristamtini *et al.*, 2012). As antocianinas são conhecidas pelas suas propriedades bioactivas e reconhecidas como substâncias benéficas para a saúde devido às suas actividades antioxidantes, efeitos anti-inflamatórios, anticancerígenos, anti-aterogénicos e anti-hipoglicémicos (Wang e Stoner, 2008). O arroz preto tem baixo teor de açúcar, mas está repleto de fibras saudáveis e de compostos vegetais que combatem as doenças cardíacas e o cancro, segundo os cientistas (Sutharut e Sudarat, 2012). Quando o arroz é transformado, os moinhos removem as camadas exteriores dos grãos para produzir arroz integral ou arroz branco mais refinado, o tipo mais consumido no Ocidente. Diz-se que o arroz integral é mais nutritivo porque tem níveis mais elevados de compostos saudáveis de vitamina E e antioxidantes. Mas as variedades de arroz de cor preta ou roxa são ainda mais saudáveis. Alguns cientistas afirmam que o arroz preto é o novo arroz que combate o cancro (http://www.dailymail.co.uk/health/article-1306356/Black-rice-new-cancer-fightingsuperfood-claim-scientists.html#ixzz3YKu9R4lg). A investigação sugere que os antioxidantes dos vegetais escuros, que absorvem as moléculas nocivas, podem ajudar a proteger as artérias e a prevenir os danos no ADN que conduzem ao cancro. O arroz colorido tem um papel importante na redução do risco de cancro e de outras doenças crónicas devido às suas capacidades de eliminação de radicais livres (Wang e Stoner, 2008; Shih *et al.*, 2007; Elisia *et al.*, 2007; Elisia e Kitts, 2008). O arroz preto também contém níveis mais elevados de proteínas, vitaminas e minerais do que o arroz branco comum (Suzuki *et al.*, 2004).

1.1.5.5. Folha e bainha da folha arroxeadas

É também uma cultivar tradicional da parte sul de Bengala Ocidental. A cor das folhas totalmente abertas e da bainha da folha de Kharadhan era roxa profunda. As folhas novas que acabavam de emergir da bainha das folhas anteriores eram de cor verde (Fig. 3.19). Esta caraterística foi objeto de interesse em vários estudos anteriores. Tais variantes morfológicas com expressão fenotípica distinta e padrão de herança simples podem ser usadas para estabelecer ligações e para seleção indireta se forem encontradas associadas a características úteis (Reddy *et al.*, 1995).

Fig. 3.19. A cultivar local - Kharadhan. A) Na fase de floração; **B) Na** fase de enchimento de grãos;

C) Lâmina e bainha das folhas de cor púrpura; **D)** Grãos descascados de Kharadhan.

A folha roxa, a bainha da folha, o estigma, o pericarpo e o apículo são comuns no arroz selvagem e nas variedades autóctones e ocasionalmente encontrados em cultivares modernas (Chin *et al.*, 2016). As plantas acumulam diversos pigmentos em vários tecidos e órgãos relacionados com a fotossíntese, defesa e reprodução. As antocianinas, pertencentes à classe dos flavonóides das moléculas de pigmento, são metabolitos secundários importantes no arroz (Reddy *et al.* 1995). A acumulação de antocianinas em diferentes tecidos está por vezes envolvida em muitas funções fisiológicas, tais como a modulação das respostas hormonais, a proteção contra danos causados pela radiação ultravioleta e as respostas de defesa a stresses bióticos e abióticos (Reddy *et al.*1994; Chalker-Scott 1999; Ithal e Reddy2004). O estigma e o apículo roxos atraem insectos para a polinização e animais para a dispersão de sementes, respetivamente. É comum encontrar diferentes graus de cor púrpura na raiz, na bainha da folha, na lâmina da folha, no estigma e no apículo de espécies de arroz selvagem e de variedades autóctones e, ocasionalmente, em cultivares. A diversidade alélica dos genes que conferem a pigmentação púrpura é mantida no germoplasma natural.

Dambersali e Nyareminda ajudam a eliminar parcelas devido às suas plantas roxas (Hanamaratti *et al.*, 2008). As raças de terra com base de cor púrpura, como Antarsali e Navalisali, também são úteis para este fim. Estas variedades são cultivadas em anos alternados para facilitar a colheita de variedades fora do tipo, de arroz selvagem e ajudar a identificar facilmente as espécies de ervas daninhas, *Echinichloa*, que não podem ser diferenciadas na fase inicial da cultura (Chaudhari e Dhulappanavar, 1986). Algumas das variedades tradicionais recolhidas estão adaptadas a situações específicas da cultura do arroz, como a submersão em água, as inundações e a seca. As variedades Karibhatta e Neerguli são as mais adequadas para zonas submersas e propensas a inundações repentinas.

A cor do lema e da pálea da espigueta era uma mancha púrpura ou sulcos na palha, e a cor do grão era castanho-escuro. Sakamoto *et al.* (2001) estudaram o locus roxo do arroz e afirmaram que o locus da folha roxa (*Pl)* do arroz afecta a regulação da biossíntese de antocianina em vários tecidos da planta. Esta cultivar local era uma cultivar alta, de longa duração e altamente sensível ao fotoperíodo. No entanto, também se verificou que era resistente ao acamamento. Esta cultivar local é quase registada para as principais pragas de insectos e agentes patogénicos de doenças prevalecentes na parte norte de Bengala Ocidental. Assim, esta cultivar local pode ser utilizada na reprodução resistente como dador contra o acamamento, as pragas de insectos e os agentes patogénicos.

Tabela 3.17. Caracterização DUS das cultivares locais - Rami Gelee, Thuri, UN-12 e Mala

Sl. No.	Characters	States			
		Rami Gayli	Thuri	UN -12	Mala
1	Coleoptiles: Colour	Purple	Colourless	Colourless	Colourless
2	Basal leaf: Sheath colour	Green	Green	Green	Green
3	Leaf: Intensity of green colour	Dark green	Medium	Medium	Medium
4	Leaf: Anthocynin colouration	Absent	Absent	Absent	Absent
5	Leaf: Distributn of anthocynin colouration	-	-	-	-
6	Leaf sheath: anthocynin colouration	Absent	Present	Absent	Present
7	Leaf sheath: Intensity of anthocynin colouration	-	Whole	-	Whole
8	Leaf: Pubescence of blade surface	Strong	Strong	Weak	Weak
9	Leaf: Auricles	Present	Present	Present	Present
10	Leaf: anthocynin colouration of auricles	Colour less	Colour less	Colour less	Colour less
11	Leaf : Collar	Present	Present	Present	Present
12	Leaf: Anthocynin colouratn of collar	Absent	Absent	Absent	Absent
13	Leaf: Ligule	Present	Present	Present	Present
14	Leaf: Shape of ligule	Split	Split	Split	Split
15	Leaf: colour of ligule	White	White	White	White
18	Culm: Attitude	Semi-erect	Semi-erect	Semi-erect	Smi -erect
19	Time of heading (50% plants with panicle) (Days)	175.5	141.0	135.50	127.78
20	Flag leaf: Attitude of blade(early observation)	Erect	Semi-erect	Erect	Erect
21	Spikelet: Density of pubescence of lemma	Strong	Strong	Weak	Weak
22	Male sterility	Absent	Absent	Absent	Absent
23	Lemma: Anthocynin colouration of keel	Very strong	Very strong	Very strong	Very strong
24	Lemma: Anthocynin colouration of area below apex	Very strong	Very strong	Very strong	Very strong
25	Lemma: Anthocynin colouration of apex	Very strong	Very strong	Very strong	Very strong
26	Spikelet: Colour of stigma	White	White	White	White
27	Stem: Length (excluding panicle; excluding floating rice) (cm)	143.18	124.7	140.76	117.4
28	Stem: Anthocynin colouration of nodes	Absent	Absent	Absent	Absent
29	Stem: Intensity of anthocynin colouration of nodes	-	-	-	-
30	Stem: Anthocynin colouration of internodes	Absent	Absent	Absent	Absent

31	Panicle: Length of main axis (cm)	29.22	24.44	23.44	22.6
32	Flag leaf: Attitude of blade (late observation)	Erect	Semi -Erect	Semi-Erect	Semi - Erect
33	Panicle: Curvature of main axis	Drooping	Drooping	Drooping	Drooping
34	Panicle: no/plant	8.8	12.8	29	15.6
35	Spikelet: Colour of tip of lemma	Brown	Straw	Straw	Straw
36	Lemma & Palea: Colour	Brown	Straw	Straw	Straw
37	Panicles: Awns	Absent	Absent	Absent	Absent
38	Panicle: Colour of awns (late observation)				
39	Panicle: Length of longest awn				
40	Panicle: Distribution of awns				
41	Panicle: Presence of 2ndary branching	Present	Present	Present	Present
42	Panicle: 2ndary branching	Present	Present	Present	Present
43	Panicle: Attitude of branches	Spreading	Spreading	Spreading	Spreading
44	Panicle: Exertion	Well exerted	Well exerted	Well exerted	Well exerted
45	Leaf: Senescence	Medium	Medium	Medium	Medium
46	Sterile lemma: Colour	Purple	Purple	Purple	Purple
47	Grain: Wt of 100 fully developed grains (gm)	High(3.129)	High(2.8)	Medium(2.15)	Medium(2.44)
48	Grain: Length (mm)	Medium(8.79)	Short(7.39)	Short(8.214)	Short(6.98)
49	Grain: Width	Medium(2.81)	Narrow(2.56)	V.narrow(1.902)	Medium(3.01)
51	Decorticated grain: Length (mm)	6.192	5.47	5.89	5.02
52	Decorticated grain: Width (mm)	2.496	2.37	1.79	2.41
53	Decorticated grain: Colour	White	White	White	White
54	Decorticated grain: Aroma	Absent	Absent	Absent	Absent

As características morfo-agronómicas foram estudadas em pormenor com base nas "Guidelines for Conduct of Test for Distinctiveness, Uniformity and Stability on Rice (*Oryza saliva* L.)" publicadas pela PPV e pela FR Authority, Government oflndia for Rice e apresentadas no quadro 3.16.

1.1.5.6. Arroz flutuante

Shri Bhupen Barman, um agricultor de Alipurduar-II (distrito de Alipurduar, Bengala Ocidental, Índia) que conserva *in situ* quatro genótipos de arroz flutuante. Anteriormente, o arroz flutuante era popular entre os agricultores daquela zona devido à estagnação da água durante 4-5 meses durante a estação das chuvas. Devido à introdução de novas variedades de arroz de alto rendimento e à diversificação das culturas, a maioria das variedades de arroz dos agricultores desapareceu. Mas Shri Bhupen Barman está a conservar propositadamente quatro raças tradicionais da terra, nomeadamente Singara (Reg. n.º REG/2015/1703), Betho (Reg. n.º REG/2015/1624), Kauka (Reg. n.º REG/2015/1672) e Khama (Reg. n.º REG/2015/1674). Estas quatro variedades foram caracterizadas (Roy *et al.*, 2013) e foram registadas ao abrigo da Lei PPV&FR (2001). Estas cultivares têm algumas características únicas, tais como o facto de crescerem juntamente com o aumento do nível da água durante a estação das chuvas. Podem atingir até 3 m de altura (Fig. 3.20). Quando o nível da água desce e seca gradualmente no final da estação das chuvas, a planta de arroz cai na superfície do solo e dá origem a ramificações a partir de cada nó da planta (Fig. 3.20D&E).

1.1.6. Genótipos tradicionais de arroz registados na UBKV ao abrigo da Protection of Plant Variety and Farmers' Rights Authority, Nova Deli

A fim de prever a criação de um sistema eficaz de proteção das variedades vegetais, dos direitos dos agricultores e dos obtentores e de incentivar o desenvolvimento de novas variedades de plantas, considerou-se necessário reconhecer e proteger os direitos dos agricultores no que diz respeito à sua contribuição, em qualquer momento, para a conservação, melhoria e disponibilização dos recursos fitogenéticos para o desenvolvimento de novas variedades vegetais. Além disso, para acelerar o desenvolvimento agrícola, é necessário proteger os direitos dos obtentores de plantas para estimular o investimento em investigação e desenvolvimento de novas variedades de plantas.

Fig. 3.20. Conservação do arroz flutuante. A) Shri Bhupen Barman, o agricultor que está a

conservar as raças tradicionais de arroz flutuante; **B)** Cultura de arroz flutuante em pé; **C)** Comprimento da variedade dos agricultores - Singara na maturidade; **D&E)** Ramificação de Singara - uma caraterística única desta cultivar de arroz.

Esta proteção é suscetível de facilitar o crescimento da indústria das sementes, que assegurará a disponibilidade de sementes e de material de plantação de alta qualidade para os agricultores. A Índia, tendo ratificado o Acordo sobre os Aspectos dos Direitos de Propriedade Intelectual Relacionados com o Comércio, tem de adotar disposições para dar efeito ao Acordo. Para dar efeito aos objectivos acima referidos, foi promulgada na Índia a Lei sobre a Proteção das Variedades Vegetais e os Direitos dos Agricultores, de 2001.

No repositório da UBKV existe *uma* coleção de 170 variedades de arroz de agricultores (cultivares locais) de diferentes partes dos estados de Bengala Ocidental, Manipur e Assam da Índia, das quais 46 são aromáticas e 124 não aromáticas (Roy *et al.* 2013). Todas essas cultivares locais foram caracterizadas com base nas "Directrizes para a realização de testes de distinção, uniformidade e estabilidade em arroz (*Oryza sativa* L.)" publicadas pela Protection of Plant Varieties and Farmers' Rights Authority (2007), Governo da Índia.

Dessas 170 variedades de agricultores, 97 foram registadas pela Autoridade para a Proteção das Variedades Vegetais e dos Direitos dos Agricultores, Nova Deli (F. No. PPV&FR/Registrar/ Reg/2015/1621-1747/2015/1429, de 16.09.2015; F. No. PPV&FR/Registrar/Reg/ 2016912/2016/3290, de 15.02.2016). A lista das cultivares de arroz registadas do repositório de Uttar Banga krishi Viswavidyalaya é apresentada no quadro 3.18.

3.3. CULTIVARES LOCAIS DE ARROZ NO KARNATAKA

Apesar da introdução de muitas variedades modernas de arroz de elevado rendimento, algumas raças de terra continuam a ser populares entre os agricultores em áreas consideráveis, em situações de sementeira em regime de sequeiro no Karnataka, devido às suas qualidades únicas. As raças autóctones estão altamente adaptadas às regiões e têm também utilizações especiais e níveis variáveis de resistência a stresses bióticos e abióticos. Algumas das raças cultivadas no ecossistema de sequeiro estão à beira da extinção devido à sua longa duração, baixo potencial de rendimento e suscetibilidade a pragas e doenças. No entanto, as variedades tradicionais são importantes reservatórios de características valiosas e necessitam de uma atenção especial para a sua conservação futura.

O arroz é cultivado numa área de 1,45 milhões de hectares no Karnataka e a sementeira direta é praticada em cerca de 15% da área. Aqui, cerca de 44% da área total é irrigada, enquanto o resto está sob o regime da monção. A sementeira de arroz em regime de sequeiro está a ser praticada na zona dos Ghats Ocidentais do Karnataka, abrangendo os distritos de Belgaum, Dharwad, Haveri, Uttar Kannada e bolsas de Bijapur e Bidar. Mais de 50% desta área é cultivada com arroz tradicional, abrigando assim uma diversidade genética potencial que precisa de ser explorada e conservada.

Quadro 3.18. Lista de pedidos de registo de variedades de agricultores ao abrigo da Lei sobre a Proteção das Variedades Vegetais e dos Direitos dos Agricultores, 2001

Sl. No.	Name of Cultivars	Sl. No.	Name of Cultivars
1	Asami Bitti	51	Malshira
2	Baigon Machua	52	Mangamuthi
3	Baigonbuchi	53	Mota Jashoya
4	Betho	54	Paharibochi
5	Bindi Baratee	55	Paharibochi Selection-1
6	Binni	56	Phool Pakri
7	Biroi	57	Phoolpakri-2
8	Bitti	58	Radhatilak
9	Bitti Selection-2	59	Radhatilak Selection-1
10	Bitti Selection-3	60	Sada Mala
11	Bochi	61	Sadanunia
12	Boil Baratee	62	Satia
13	Bonnidhan	63	Seshaphal
14	Chapalo Bitti	64	Seshaphal-1
15	Dharmaphool	65	Shial Bhomra
16	Dhusuri Baratee	66	Singara
17	Dhyapa	67	Sitalkuchi-1
18	Dudherswar	68	Sitalkuchi-2
19	Dudhkalam	69	Sitalkuchi-3
20	Dudhkalam-1	70	Sitalkuchi-4
21	Dudhkalam Motajashoya	71	Sitalkuchi-5
22	Harinkajali	72	Sitalkuchi-6
23	Hopri	73	Sunga Boro
24	Jadudhan	74	Tara Pakri
25	Jhagrikartick	75	Tara Pakri Selection-1
26	Jaldhyapa	76	Tarai Research Society-1
27	Jaldhyapa-2	77	Tarai Research Society-2
28	Jaldhyapa-3	78	Tarai Research Society-3
29	Jashoya	79	Tarai Research Society-4

30	Jonroi Buna	80	Tulaipanji-AD
31	Kaike	81	Tulshibhog
32	Kainum	82	Uttar Banga Local-1
33	Kajal Ghorya	83	Uttar Banga Local-2
34.	Kalo Bitti	84	Uttar Banga Local-3
35	Kalo Bochi	85	Uttar Banga Local-4
36	Kalo Dhyapa	86	Uttar Banga Local-5
37	Kalo Jeera	87	Uttar Banga Local-6
38	Kalo Nunia	88	Uttar Banga Local-7
39	Kalshepa	89	Uttar Banga Local-8
40	Kartiksali	90	Uttar Banga Local-9
41	Kashiabinni	91	Uttar Banga Local-10
42	Katarybhog	92	Uttar Banga Local-11
43	Kauka	93	Uttar Banga Local-12
44	Khaiyam Dhan	94	Uttar Banga Local-13
45	Khama	95	Uttar Banga Local-14
46	Kukurjali	96	Uttar Banga Local-15
47	Lagidhan	97	Uttar Banga Local-16
48	Lal Dhyapa	98	Uttar Banga Local-17
49	Lal Mala	99	Uttar Banga Local-18
50	Malbati	100	Uttar Banga Local-19

A recolha de raças terrestres de arroz e de informações sobre os conhecimentos tradicionais recolhidos junto dos agricultores revelou a enorme diversidade das variedades tradicionais (Hanamaratti *et al.*, 2008). Uttar Kannada albergava a máxima diversidade de arroz. A região possui variedades tradicionais com utilizações diversificadas, incluindo algumas variedades de arroz aromático de grão fino, que são preferidas pela população local para preparar pratos doces. Assim, os agricultores preferem cultivar raças terrestres devido às suas utilizações únicas para satisfazer as necessidades locais. Existem relatórios anteriores sobre a documentação de algumas raças autóctones de Karnataka (Gilbert e Salimath, 1916), que indicam que o cultivo de Dodiga, Hakkalasali e Antarsali prevalecia há muito tempo no distrito de Dharwad. Os investigadores já documentaram e melhoraram algumas raças terrestres, nomeadamente Dodiga, Waner (Chavan *et al.*, 1956), Kagisali (Chavan *et al.*, 1957) e Antarsali (Chaudhari e Dhulappanavar, 1956).

O quadro 3.19 apresenta outras características desejáveis das raças de arroz do Estado de Karnataka, na Índia.

3.3.1. Raças tradicionais de terras tolerantes à seca

O stress hídrico é o principal fator limitativo da produção de arroz e da estabilidade do rendimento nas regiões de sequeiro. A cultura do arroz em regime de sementeira em Karnataka enfrenta um elevado risco de stress hídrico nas fases de perfilhamento máximo e de reprodução, o que pode conduzir a perdas de rendimento. A diversidade era evidente na variedade tradicional, que era mais acentuada na parte norte de Kannada. Possui características valiosas, nomeadamente propriedades medicinais, nutrição, sabor, aroma, tolerância à seca e à submersão, bem como outras utilizações especiais. A maioria das variedades tradicionais em terras altas alimentadas pela chuva tolera o stress da humidade e possui um sistema radicular forte em condições de campo. As raças de terra Dodiga e Navalisali nos grupos de maturidade precoce e média, respetivamente, foram consideradas significativamente superiores em termos de rendimento e produtividade em várias situações de stress hídrico ao longo de três anos. Assim, estas raças de terra são identificadas como bons dadores de tolerância à seca em futuros programas de melhoramento.

Sabe-se que a maioria das variedades tradicionais cultivadas pelos agricultores nas terras altas alimentadas pela chuva toleram o stress hídrico e produzem melhor mesmo em situações adversas (Hanamaratti *et al.*, 2008). Durante o estudo efectuado por Hanamaratti *et al.* (2008), referiram que 16 raças diferentes tolerantes à seca foram colhidas no ecossistema de terras altas de Karnataka. Observou-se também que alguns desses acessos tolerantes à seca, nomeadamente Dodiga, Navalisali, Antarsali e Udarsali, apresentavam um bom vigor inicial e eram tolerantes a uma baixa fertilidade.

A raça de terra, Dodiga no grupo precoce e Navalisali no grupo de maturação média foram consideradas significativamente superiores a todos os outros genótipos, incluindo controlos HYV para produtividade ao longo de três anos (Hanamaratti *et al.*, 2008). O peso da panícula e a fertilidade das espiguetas foram características importantes de produtividade que conferiram rendimentos mais elevados em corridas de terra em condições de seca. Também foi relatada a esterilidade pronunciada das espiguetas devido a eventos bioquímicos e fisiológicos prejudicados devido ao stress hídrico durante a fase reprodutiva (Cruz e O'Toole, 1984). A esterilidade no arroz deve-se à desidratação na zona radicular e, por conseguinte, as raízes profundas e espessas e o perfilhamento moderado foram os caracteres varietais preferidos para a tolerância à seca (Kobata *et al.*, 1994). Os genótipos tolerantes à seca foram relatados como possuindo raízes longas e grossas, que evitam a seca (Troochi *et al.*, 2002) e são mais comuns em raças tradicionais de arroz de terras altas (Fukai e Cooper, 1995).

Quadro 3.19. Características importantes observadas nas raças tradicionais de arroz em Karnataka (Hanamaratti *et al.*, 2008)

Special features	Traditional variety
Drought tolerance	Gopal Dodiga, Dambersali, Dodiga, Champakali, Budda, Bile kalavi, Maranavami guddabatta, Murakata batta, Navalisali, Hakkalasali, Udarsali, Bolasali, Mascat, Hakkal budda, Doddi batta, Manila
Early vigour	Dodiga, Navalisali, Antarsali, Udarsali, Bangarkaddi
Tolerance to low fertility	Dodiga, Navalisali, Antarsali, Bolsali, Udarsali, Chitaga Mugad
Durable resistance to diseases and pests	Udarsali, Karigajavile, Antarsali
Good cooking quality	Ratansagar, Padmarekha, Rajkhaima, Mysore sanna, Gowri sanna, Shankar Poonam, Wari sanna, Sampige, Alur sanna, Bangar kaddi, Adnenkelte, Mala Bangarkaddi, Motte bangarkaddi
Good quality aromatic rice	Ambemohr, Kagisali, Beeraga, Kumud, Yalakkisali, Huggi bhatta, Karigajavile, Belgaum basmati
Nutritive and satiety value	Navalisali, Ginasali, Mysore mallige, Gandhasala, Karikalavi, Kempunellu, Honasu
Good quality popping/puffing	Ratnachuda, Nizamshait, Honnekattu
Good quality flaking	Udarsali, Valya, Sanna mullre, Dodda valya, Bilinellu
Medicinal properties	Chitaga, Honasu, Karibhatta, Karikalavi, Karigajavile
Submergence tolerance	Nereguli, Neermulga, Mutalaga
Weed identification	Nyreminda, Antarsali
Good for parboiling	Dodiga, Halaga, Honasu
Suitable for organic farming	Khaima, Jigguvaratiga, Antarsali

3.3.2. Superioridade de rendimento das raças tradicionais

Entre as raças terrestres de maturação precoce, Hanamaratti *et al.* (2008) relataram que a raça terrestre Dodiga teve um rendimento de grãos significativamente mais elevado (5125 kg/ha) do que o melhor controlo, Rasi (3125 kg/ha) sob stress vegetativo. Entre as raças de terra de maturação média, Navalisali foi a melhor para o rendimento de grãos e significativamente superior ao melhor controlo, MTU-1001, durante as três épocas. Bolasali ficou em sétimo lugar sob stress vegetativo severo, enquanto que ficou em terceiro e segundo lugar. Isto indica que a sensibilidade de Bolasali ao stress reprodutivo é menor. Khaima e Hakkalasai foram consideradas mais sensíveis ao stress reprodutivo, uma vez que registaram classificações muito inferiores.

3.4. CULTIVARES LOCAIS DE ARROZ DE CHHATTISGARH

Em Chhattisgarh, o arroz é amplamente cultivado e a região é conhecida como "Rice Bowl oflndia". Das e Qudhia (2001) realizaram um inquérito em distritos seleccionados, nomeadamente Raipur, Bilaspur, Durg, Rajnanadgaon, Bastar e

Sarguja. De cada distrito selecionado, foram considerados para o inquérito dois blocos e, de cada bloco selecionado, uma amostra aleatória de quatro aldeias. O inquérito incidiu principalmente sobre a utilização medicinal de raças de arroz. As suas conclusões são apresentadas no Quadro 3.20.

3.5. CULTIVARES LOCAIS DE ARROZ DO ASSAM

O arroz é o principal alimento de base não só em Assam, mas em toda a região do Nordeste, que é um centro secundário de origem da cultivar *Indica*. Naturalmente, Assam alberga muitas variedades autóctones de arroz, com três estações de arroz distintas: *Ahu* (arroz de outono), *Boro* (arroz de verão) e *Sali* (arroz de inverno). Entre estas, o arroz *Sali* é o mais popular e amplamente praticado, cultivado como arroz submerso com água parada adequada até à fase de perfilhamento máximo. Assam também se insere numa zona agro-ecológica especial do país, com diferentes padrões de precipitação e de clima. Existem algumas variedades endémicas na região, como o arroz pegajoso, de carácter glutinoso, como o *Bora dhan*, o arroz aromático conhecido como *Joha*, etc.

Quadro 3.20. O arroz como planta medicinal em Chhattisgarh (Das e Qudhia, 2001)

Gathuan	Grain is useful in treatment of rheumatism
Alcha	Cooked grains are useful for lactating woman to cure small boils of infants
Laicha	Cookedgrains are useful for pregnant woman to prevent unborn from 'Laicha' disease (skin infection)
Karhani	Useful in case of paralysis
Maharaji	As atonic for woman after delivery
Baisoor	In case of headache; hemicrania and epilepsy, inhalation of fumes of rice bran is useful
Nagkesar	Useful for p\!fSOns troubled with lung diseases
Shejri	For early removal of placenta, it is given with linseed seeds and Gur to cows after delivery
Resairi	Rice water is useful as a tonic for cattles. Puffed rice mixed with bark of Saccharum spontaneum plant is useful in chronic cough
Kalimoonch	Whole plant extract is useful for external application in caSe of skin troubles

Uma investigação foi conduzida por Duttat-Deka *et al.* (2014) para estudar e descobrir a diversidade de variedades de arroz autóctones disponíveis num conjunto de catorze aldeias em Pirakota e Kosupathar, nas subdivisões de Jorhat e Golaghat, respetivamente, do estado de Assam. O seu estudo revelou que existe um enorme mercado para estas variedades de arroz autóctones. Estas importantes variedades de arroz, que são tradicionalmente produzidas em Assam, são exclusivas do Estado e não se encontram em nenhuma outra parte da Índia ou do mundo. As várias especialidades autóctones de arroz identificadas por Duttar-Deka *et al.* (2014) e o seu alcance em termos de sustentabilidade dos meios de subsistência são discutidas abaixo.

3.5.1. Joha (arroz aromático)

O arroz Joha é um arroz de grão curto a médio, fino e arrojado. Estas cultivares autóctones cozinham de forma não pegajosa e saborosa. O aroma desta classe de arroz é tão elevado como o do arroz Basmati. O arroz Joha é utilizado na preparação de Kheer (payas), polao e outros produtos vegetarianos e não vegetarianos. Alguns exemplos de arroz aromático de Assam são o Kola Joha, o Kon Joha, o Boga Joha, etc.

3.5.2. Bora (arroz ceroso)

O arroz ceroso ou glutinoso é conhecido como arroz *Bora*. Esta classe de arroz é necessária para preparar uma série de alimentos durante festivais, ocasiões religiosas e cerimónias. O arroz glutinoso também tem uma enorme diversidade na região. Os grãos do arroz glutinoso são opacos e cozinhados de forma pegajosa devido ao seu constituinte químico conhecido como amilopectina. A sua cozedura é fácil e as preparações podem ser conservadas durante muito tempo. Os produtos alimentares preparados com esta classe de arroz têm uma grande procura. Alguns exemplos de arroz ceroso são o Ronga Bora, o Bokul Bora, o Jenguni Bora, o Aki Bora, o Mou Bora, o Moina Bora, o Goria Bora, etc.

3.5.3. Chokowa (arroz mole)

Trata-se também de outra categoria de arroz utilizada para preparações instantâneas. O *Komol chaol* (arroz macio) é preparado a partir desta classe de arroz através da cozedura do arroz em casca, seguida de uma secagem e, em seguida, da sua descasca, sendo muito comum e popular na zona rural de Assam. Esta preparação pode ser conservada durante bastante tempo e pode ser consumida instantaneamente, mergulhando o arroz em água fria ou quente durante um breve período de tempo, sendo depois consumido com açúcar ou melaço, leite ou requeijão e mesmo com sais, óleos e pickles. Os pós de arroz e os flocos de arroz preparados a partir de arroz *chokowa* são muito saborosos e preferidos pela população local da região. Alguns exemplos de arroz macio são Soru Chokowa, Bor Chokowa, Chokowa, etc.

3.5.4. Bao (Arroz vermelho)

Embora a maioria das variedades apresente um pericarpo branco, os agricultores locais cultivam tradicionalmente variedades de arroz com um pericarpo vermelho, que são preferidas ao arroz branco devido ao seu suposto valor nutricional mais elevado, que contém maiores quantidades de ferro, fibra, zinco, vitaminas e outros micronutrientes. Alguns exemplos de arroz vermelho são Maguri Bao, Dori Bao, Soimari, Adolia Bao, Amona Bao, Negeri Bao, etc.

3.5.5. Algumas das cultivares tradicionais populares de Assam

Nesta secção são apresentadas as características salientes de algumas das cultivares locais de Assam.

3.5.5.1. Arco de Ronga

Trata-se de uma variedade de longa duração (270 dias). Cresce em solos argilosos de baixa altitude. É uma variedade adequada para áreas afectadas por cheias e pode suportar grandes cheias e inundações. O rendimento médio é de cerca de 4,2 t/ha. O grão de arroz é longo e amarelo. É utilizado numa receita especial assamesa chamada "*Handoh Guri*", popular durante o festival *Bihu*.

3.5.5.2. Soru Jahinga

Desenvolve-se bem em terrenos médios e baixos com solos de tipo arenoso a argiloso. A altura das plantas é média. O rendimento por hectare é de cerca de 4,8 t/ha. É muito suscetível às inundações e à seca. O grão é amarelo e a cor do arroz é esbranquiçada. O arroz é fino e cozinha-se facilmente.

3.5.5.3. Kon Joha

Desenvolve-se bem em terrenos médios com solo de tipo argiloso. A altura da planta é média. É uma cultura de longa duração (170 dias). O tipo de grão é curto e arrojado. O arroz é pequeno e amarelado. É utilizado tanto como refeição normal como em receitas especiais nas festas.

3.5.5.4. Boga Joha

Esta variedade cresce em terrenos médios a baixos, em solos negros a arenosos. Tem um potencial de rendimento baixo, o rendimento vai até 2,4 t/ha. O período de maturação é de 160 dias. A cor do grão é amarela e o arroz é branco. O grão de arroz descorticado é pequeno e mais fino.

3.5.5.5. Bor Jahingia

Pode ser cultivada em terrenos médios e baixos. Cresce bem tanto em solos arenosos como argilosos. A duração da cultura é de cerca de 180 dias. É uma variedade alta. O rendimento médio é de cerca de 3,6 t/ha. O tipo de grão é longo e vermelho. A cor do arroz é branca e de tamanho médio.

3.5.5.6. Ikora Sali

Trata-se de uma cultivar alta. Esta variedade cresce bem em terrenos médios a baixos, em solos argilosos. A duração da cultura é de cerca de 180 dias. O rendimento médio é de cerca de 4,6 t/ha. O grão é de cor vermelha, com uma coroa na ponta do grão.

3.5.5.7. Ampakh i

A Ampakhi cresce bem em terrenos médios com solo de tipo argiloso. A duração da cultura é de cerca de 150 dias. A altura da planta é média. O rendimento vai até 4,6 t/ha. A variedade é suscetível a inundações. O grão é fino e a cor do grão é esbranquiçada.

3.5.5.8. Monuhor Sali

Cresce em terrenos médios e baixos, em solos argilosos. A duração da cultura é de cerca de 170 dias. O potencial de rendimento é de cerca de 5,1 t/ha. O tipo de grão é longo e amarelo. O arroz é fino e branco.

3.5.5.9. Jangoni Bora

É uma variedade de longa duração com um período de cultivo de 180 dias. Cresce bem em terrenos médios, tanto em solos arenosos como argilosos. Rende cerca de 4,0 t/ha. A cor do grão é vermelha e a cor da amêndoa é amarelada. É utilizado especialmente em cerimónias como doce.

3.5.5.10. Ako Sali

É uma variedade de longa duração com uma duração de cultura de 180 dias. Esta cultivar cresce bem em terrenos baixos. O rendimento pode atingir 3,5-4,0 t/ha. O arroz coze lentamente com grãos secos e separados. O grão de arroz é amarelo e a cor do grão é branca.

3.5.5.11. Kati Sali

Cresce em situações de terra média a baixa em solos negros a arenosos. É uma cultura alta e de longa duração (150-160 dias). Tem uma capacidade de rendimento média, variando entre 3,0-3,5 t/ha. A cor do grão é amarelo claro e o miolo é esbranquiçado com superfície fina. O tipo de grão é pequeno.

3.5.5.12. Swagmoni Bora

A Swagmoni Bora cresce bem em terrenos médios a baixos e em solo preto a arenoso. A duração da cultura é de cerca de 180 dias com uma altura de planta média. O rendimento é de cerca de 2,5 t/ha. A cor do grão é amarelo acastanhado e a cor do arroz decorado é esbranquiçada. O tipo de grão é longo. O arroz é pegajoso quando cozinhado.

3.5.5.13. Malbhog Sokoua

Cresce bem em terrenos altos e médios com solo arenoso. Mais uma vez, é uma cultivar de longa duração e leva cerca de 150 dias para amadurecer. O potencial de rendimento médio é de cerca de 2,5-3,0 t/ha. É suscetível a inundações e secas. A palha desta variedade é macia, o que é adequado para a alimentação animal. O arroz cozinha-se facilmente com arroz pegajoso. O arroz é utilizado em festivais e cerimónias especiais como "*Cheera*".

3.5.5.14. Kola Bora

A Kola Bora é uma cultivar aromática. Cresce bem em terrenos baixos, em solos negros e arenosos. A duração da cultura é de cerca de 180 dias. O rendimento é de 3,5-4,0 t/ha. É suscetível a inundações e secas. A cor do grão é preta. A palha desta variedade é macia e adequada para a alimentação animal. O arroz coze rapidamente e é pegajoso.

3.5.5.15. Kekua Bao

Cresce bem em terrenos baixos, em solo negro, perto da margem do rio. A duração da colheita é de 180-210 dias. A altura da planta é alta. O seu potencial de rendimento é de cerca de 4,5 t/ha. O grão é castanho-avermelhado e longo e arrojado. O arroz é de cor vermelha e demora a cozer. A variedade é tolerante a inundações.

3.5.5.16. Bokul Bora

Esta cultivar desenvolve-se bem em terrenos médios com solo de tipo argiloso. Também cresce bem em solos franco-arenosos. A duração da colheita é de cerca de 150-155 dias. A cultivar é de altura média. O rendimento varia de 3,0 a 3,5 t/ha. O grão é amarelo acastanhado e o tipo de grão é longo e arrojado. A cor do arroz descascado é amarelada. A cozedura do arroz é rápida e o arroz pegajoso.

3.5.5.17. Makhon Bora

A Makhon Bora é geralmente cultivada em terrenos médios a baixos, em solos negros a arenosos. A duração da cultura é de cerca de 180 dias, com uma planta alta. Tem um elevado potencial de rendimento - 4,5 a 5,0 t/ha. O tipo de grão é amarelo acastanhado e a cor do grão é avermelhada. Cozinham-se rapidamente e os grãos são pegajosos.

3.5.5.18. Bansi Sali

Desenvolve-se bem em terrenos de situação média, em solos de tipo arenoso a argiloso. É também uma cultivar de longa duração e demora cerca de 180 dias a atingir a maturidade. A altura da planta é alta. Tem um alto potencial de rendimento, variando de 4,5 a 5,0 t/ha. A cor do grão é vermelha e o arroz descascado é amarelado. O grão é longo, não pegajoso quando cozinhado e coze rapidamente.

3.5.5.19. Cheni Champa

A Cheni Champa é geralmente cultivada em terrenos médios, em solos arenosos a argilosos. A duração da cultura é de cerca de 150 dias. A altura da planta é do tipo alto. O rendimento médio é de 3,5 t/ha. A cultivar é suscetível a inundações. O tipo de grão é delgado e a cor do grão é esbranquiçada e o arroz é amarelo claro.

3.5.5.20. Swag Moni

Cresce bem em terrenos de situação média, em solos arenosos a argilosos. A duração da cultura é de cerca de 150 dias. A altura da planta é média e o rendimento médio é de cerca de 4,0 t/ha. O tipo de grão é arrojado e a cor é vermelha. A cor do grão é branca e o arroz cozinhado não é pegajoso.

3.5.5.21. Gethu

O Gethu cresce bem em terrenos médios a baixos, com terra preta e solos argilosos. O tipo de planta é alto e a duração da cultura é de cerca de 180 dias. O rendimento médio é de 4,0 t/ha. O grão é longo e arrojado e de cor amarela. A cor do arroz descorticado é branca. Utilizado para refeições regulares. A cozedura do arroz é lenta e a digestão é pesada.

3.5.5.22. Solpona

Normalmente, esta cultivar é cultivada em terrenos médios, em solos arenosos a argilosos. A altura da planta é média e a duração da cultura é de cerca de 180 dias. O rendimento médio é de cerca de 3,0-3,5 t/ha. O grão de arroz é branco, longo e arrojado e a cor do arroz descascado é vermelha. Durante a cozedura, os grãos são secos e separados.

3.5.5.23. GhewBora

Desenvolve-se em terrenos de situação média, em solos argilosos. O período de maturação é de cerca de 160 dias. A altura da planta é alta. O rendimento médio é de 2,0-2,5 t/ha. O grão é longo e de cor vermelha. A cor do grão descorticado também é avermelhada.

3.5.5.24. Sokoua

A Sokoua pode ser cultivada em terrenos médios com solo argiloso. A duração da cultura é de cerca de 160 dias. A altura da planta é alta. O rendimento médio é comparativamente baixo, cerca de 2,0 t/ha. O grão é fino e amarelo. A cor do arroz descorticado é branca e não pegajosa. É utilizado sobretudo para a confeção de doces em cerimónias e festivais.

3.5.5.25. Helosi Bora

É geralmente cultivada em terrenos médios com solos argilosos. É uma cultura de longa duração e a duração da cultura é de cerca de 150 dias. A altura da planta é média. O rendimento médio é de 2,2-2,5 t/ha. O tipo de grão é arrojado e a cor é vermelha. A cor do arroz descorticado é branca. O arroz é pegajoso durante a cozedura. Utiliza-se apenas para artigos especiais e não para refeições regulares.

3.5.5.26. Bhug Prasad

A Bhug Prasad cresce em terrenos médios e em solos argilosos. É uma cultura de longa duração e leva cerca de 180 dias a amadurecer. A altura das plantas é média. O rendimento médio é de 4,0-4,5 t/ha. O tipo de grão é fino e de cor branca. A cor do grão é amarelada. Cozinha-se rapidamente e não é pegajoso.

3.5.5.27. Noga Sali

Desenvolve-se bem em terrenos médios e baixos, em solos de tipo argiloso. A maturação ocorre em cerca de 150 dias. A altura da planta é média. O rendimento médio é de cerca de 4,5 t/ha. É suscetível a inundações e secas. A palha desta variedade é dura e adequada para a indústria do papel. O tipo de grão é arrojado e redondo. O arroz cozinha-se rapidamente e os grãos são secos e separados. É possível armazenar o arroz cozinhado durante um longo período sem se estragar.

3.5.5.28. Kutkuti Sali

O Kutkuti Sali cresce em terrenos médios, em solos de tipo arenoso a argiloso. É uma cultura de longa duração e demora cerca de 160 dias a amadurecer. A altura da planta é alta. O rendimento médio é de 4,0-4,5 t/ha. O grão é arrojado e de cor amarela dourada. A cor do grão é branca. Na cozedura, o arroz não é pegajoso.

3.5.5.29. Aposta Guti

Esta cultivar é geralmente cultivada em terrenos de média a baixa altitude. A duração da cultura é de cerca de 150 dias. Planta de tipo anão. O grão é arrojado e a cor da casca é amarela. O arroz descascado é ligeiramente avermelhado. Cozinha-se rapidamente e não é pegajoso.

3.5.5.30. Jahingia

A Jahingia cresce bem em terrenos baixos e em solos argilosos. Demora cerca de 150 dias para atingir a maturidade. Planta alta com um rendimento médio de 4,0-4,5 t/ha. O tipo de grão é longo e arrojado e a cor da casca é vermelha. O arroz é do tipo não pegajoso.

3.5.5.31. Kola Guni

É adequada para terrenos médios a baixos em solos de tipo arenoso a argiloso. Planta semi-anã com um rendimento médio de 4,5 t/ha. O tipo de grão é curto e arrojado, com casca de cor amarela dourada. A cor do arroz é tipicamente vermelha e facilmente identificável.

3.5.5.32. Miya Bao

Miya Bao cresce bem em terrenos baixos. A altura da planta é alta. O rendimento médio é de 4,5 t/ha. É uma cultura de longa duração, com uma duração de 190-210 dias. O tipo de grão é longo e arrojado e a cor da casca é amarelo dourado. A amêndoa é também comprida e de cor branca.

3.5.5.33. Na-gayan Sali

A Na-gayan Sali cresce bem em terrenos médios e baixos. A altura da planta é alta. A duração da cultura é de cerca de 180 dias. É suscetível a inundações. A palha desta variedade é dura e não é adequada para a alimentação do gado. O tipo de grão é curto e arrojado. É aromático e cozinha-se lentamente. O rendimento médio é de 4,0-4,2 t/ha.

3.5.5.34. Mamonsinga Bao

Cresce em terrenos baixos e em solo negro. A duração da cultura é de 180-210 dias. O rendimento médio é de cerca de 4,5 t/ha. O tipo de grão é arrojado e a casca é de cor castanha. O arroz descascado é tipicamente de cor vermelha.

3.5.5.35. 5. Fapori Bora

A Fapori Bora desenvolve-se bem em terrenos médios. O período de maturação é de cerca de 150 dias. Planta semi-anã com um rendimento médio de 5,5 t/ha. Esta variedade pode tolerar inundações ou secas. É uma cultivar aromática e o tipo de grão é arrojado. Este arroz é utilizado em festas e cerimónias especiais.

3.5.5.36. Laki Sali

Cresce bem em terrenos de situação média. A altura das plantas é média. O rendimento médio é de cerca de 5,5 t/ha. É suscetível a inundações e secas. A palha desta variedade é dura e não é adequada para a alimentação animal. O tipo de grão é arrojado e a cozedura do arroz é lenta.

3.5.5.37. Kola Jaha

Cresce bem em terrenos médios. A altura das plantas é média. O rendimento médio é de cerca de 5,5 t/ha. É suscetível a inundações e secas. A palha desta variedade é dura e adequada para a indústria do papel. O tipo de grão é arrojado. A cozedura do arroz é lenta. O arroz dá uma sensação de saciedade durante muito tempo. Pode ser armazenado durante *um* longo período sem se estragar.

3.5.5.38. Homem Bora

Esta cultivar é adequada para terrenos médios em solos argilosos. O período de maturação é de cerca de 160 dias. A altura da planta é alta. O rendimento médio é de 2,25-2,50 t/ha. É suscetível a inundações e secas. A palha desta variedade é macia e preferida pelas tartarugas. O tipo de grão é fino.

3.5.5.39. Mugi Sali

Esta cultivar desenvolve-se em situação de terreno médio, em solo de tipo argiloso. O período de maturação é de cerca de 150 dias. O rendimento da variedade é de 3,5 t/ha. A palha desta variedade é macia e adequada para a alimentação de aminais. O tipo de grão é arrojado, o arroz descascado coze rapidamente e os grãos são secos e separados. O arroz cozido mantém-se fresco durante muito tempo.

3.5.5.40. Boga Maguri

A cultivar desenvolve-se em terrenos médios e baixos, em solos de tipo argiloso. A maturação ocorre em cerca de 160 dias. A altura da planta é alta. O rendimento médio é de cerca de 4,0 t/ha. Não tolera inundações e secas. A palha desta variedade é macia e adequada para a alimentação animal. O tipo de grão é redondo e arrojado. O arroz cozinha-se rapidamente e os grãos são secos e separados. É possível armazenar este arroz durante um longo período sem se estragar.

3.5.5.41. Amona Bao

É adequada para terrenos baixos e solos negros. Também pode ser cultivada em solos arenosos. A altura da planta é alta. O tipo de grão é arrojado e branco. A cor dos grãos descorticados é vermelha. O rendimento médio desta cultivar é de cerca de 4,5 t/ha. A cozedura é demorada.

3.5.5.42. Jili Baw

Os agricultores cultivam-na em terrenos baixos de terra preta. A duração da cultura é de cerca de 210 dias. A altura da planta é média. O rendimento médio é de 3,5 t/ha. O grão é longo e de cor branca com arroz decorado amarelado.

3.5.5.43. Biria Bhonga Baw

A Biria Bhonga Baw cresce bem em terrenos baixos de terra preta que se encontram perto da margem do rio. A altura da planta é alta. O rendimento médio é de cerca de 4,0-4,5 t/ha. O tipo de grão é longo e castanho e o arroz descascado é vermelho. O arroz cozinha lentamente e é pesado para comer. A duração da colheita é de cerca de 190-10 dias. É resistente a cheias e inundações.

3.5.5.44. KholihoiBaw

Kholihoi Baw está a ser cultivada em situação de terra baixa de solo preto perto da margem do rio. A altura da planta é alta e a duração da cultura é de cerca de 200-210 dias. O rendimento médio é de cerca de 4,5-5,0 t/ha. O tipo de grão é arrojado e redondo, com riscas amarelas e castanhas. O grão é de cor vermelha e separa-se durante a cozedura.

3.5.5.45. Ronga Joha

A Ronga Joha desenvolve-se bem em terrenos médios e baixos de tipo argiloso. O período de maturação é de 160 dias. O rendimento pode atingir 1,5 t/ha. É suscetível a inundações e secas. A palha desta variedade é macia e adequada para a alimentação animal. O tipo de grão é pequeno. O arroz cozinha-se rapidamente e os grãos são separados e secos. É possível armazenar este arroz durante um longo período sem se estragar.

3.5.5.46. Soru Sokoua

Cresce em terrenos médios de solo arenoso. A duração da cultura é de cerca de 150 dias. A planta é do tipo alto. O rendimento médio é de 3,5-4,0 t/ha. O tipo de grão é arrojado e tem riscas castanhas e amarelas. A cor do arroz descascado é branca.

3.5.5.47. Kola Bora

O Kola Bora desenvolve-se bem em terrenos baixos, em solos negros e arenosos. É uma cultivar alta e tardia. Demora cerca de 180 dias a amadurecer. O rendimento médio é de cerca de

4,0 t/ha. O tipo de grão é fino e o arroz não descascado é de cor vermelha. O grão de arroz é curto e arrojado e de cor amarela. O arroz coze rapidamente e é do tipo pegajoso.

3.5.5.48. Rongdoi

Esta cultivar é adequada para situações de terras baixas em solos negros e arenosos. A duração da cultura é de cerca de 160 dias. A altura da planta é alta. O rendimento médio é de cerca de 4,0 t/ha. O grão de arroz é curto e amarelo. O arroz descorticado é branco. Cozinha lentamente e produz arroz não pegajoso.

3.5.5.49. Doria

A Doria é uma cultivar alta e de longa duração, que demora cerca de 150 dias a atingir a maturidade. Desenvolve-se bem em terrenos médios a baixos, em solos negros e arenosos. O rendimento médio é de cerca de 3,5 t/ha. O grão é fino e amarelo. A cor do arroz descorticado varia do vermelho ao branco.

3.5.5.50. Sial Najia Bora

Cresce bem em situações de terra média a baixa em solos negros a arenosos. A duração da cultura é de 160 dias. A altura da planta é média. O rendimento médio é de cerca de 4,0 t/ha.

3.5.5.51. Monipuri

É cultivada em terrenos baixos e em solos de tipo argiloso. É uma cultura de altura média e de longa duração. Demora cerca de 180 dias a amadurecer. O rendimento médio é de cerca de 5,0-5,5 t/ha. O grão é longo e arrojado e de cor amarela. O arroz descorticado é branco e coze lentamente.

3.5.5.52. Adolia

A Adolia cresce bem em ecologia de terra média em solo preto. Demora cerca de 180 dias a amadurecer. O potencial de rendimento é de cerca de 4,5 t/ha. O tipo de grão é arrojado e de cor amarela. O arroz descorticado é de cor branca.

3.5.5.53. Pakhi Bora

O Pakhi Bora é geralmente cultivado em terrenos médios e em solo vermelho. A duração da cultura é de cerca de 180 dias. A altura da planta é média. O rendimento médio é de cerca de 4,0 t/ha. O grão tem a particularidade de ser coberto por uma espécie de "asa" e daí o nome "*Pakhi*" (significa pássaro) *Bora*. O grão é arrojado e arredondado, de cor vermelha. O grão de arroz é pequeno e de cor branca. Quando cozinhado, produz arroz pegajoso e é utilizado apenas em receitas de acompanhamento e não em refeições normais.

3.5.5.54. Ronga Solpona

A Ronga Solpona é adequada para o cultivo em terrenos médios com terra preta. A altura da planta é média. A duração da cultura é de cerca de 180 dias. O rendimento médio é de cerca de 4,5 t/ha. O tipo de grão é longo e avermelhado e a cor do arroz é branca.

3.5.5.55. Hatidotuwa

Cresce bem em terrenos de altitude média com solo preto a arenoso. A duração da cultura é de 180 dias. A altura da planta é média. O rendimento médio é de cerca de 4,0 t/ha. O tipo de grão é fino e de cor amarela. A cor do arroz é branca. O arroz coze rapidamente.

3.5.5.56. Haripuwa Sakua

A Haripuwa Sakua é adequada para terrenos de ecologia média com solo preto. É uma variedade alta e de longa duração e demora cerca de 180 dias a atingir a maturidade. O rendimento médio é de cerca de 4,5 t/ha. O tipo de grão é arrojado e de cor vermelha. O arroz descascado é pequeno e branco. É utilizado em artigos tradicionais como "*Komal Chawl*", "*Sandoh*", "*Murhi*", etc., durante diferentes festivais, não sendo utilizado para refeições regulares.

Assam alberga muito mais cultivares locais de arroz com características e importância especiais.

3.6. CULTIVARES LOCAIS DE ARROZ EM MANIPUR

Na Índia, em particular no Nordeste, um centro secundário de origem da cultivar *Indica* de arroz, existia um grande número de variedades indígenas adaptadas às condições agro-climáticas locais. Manipur possui uma grande variedade de germoplasma de arroz autóctone que se adapta desde as zonas baixas dos lagos até às terras altas das colinas de Manipur, alimentadas pela chuva. Existe um conjunto diversificado de arroz aromático adaptado localmente, cuja cor varia do branco ao vermelho e ao púrpura, sendo todos eles de natureza muito glutinosa. São vulgarmente conhecidos por *Chakhao*. O significado literal de *Chakhao* na língua Manipuri é arroz delicioso (*Chak* significa arroz e *ahoaba* significa delicioso). Normalmente, são cultivados durante a estação *Kharif*. Algumas das cultivares de *Chakhao* de cor púrpura (arroz preto perfumado) são *Chakhao Poireiton, Chakhao Amubi, Wairi Chakhao, Khurkhul Chakhao, Pong Chakhao* e *Chakhao Sempak. As cultivares de Chakhao* de cor vermelha são *Chakhao Anganba* e *Langphou Chakhao,* e as cultivares de cor branca são *Chakhao Manam Nungshibi* e *Chakhao Angouba*. Algumas das outras cultivares tradicionais de Manipur são *Naganap, KD Angangba, Phouoibi, Saventhei, Changsanal, China tiyanbi, Chairow, Meriunap, Sanaphou, KD Amuba, Daramphou, Moirangphou angangbi e Chinachang*. Estas variedades têm sido cultivadas em vários ecossistemas do Estado de Manipur.

3.7. CULTIVARES LOCAIS DE ARROZ EM KERALA

3.7.1. Arroz Navara

O arroz Naavara só é conhecido no estado de Kerala. Os documentos mostram que este arroz é cultivado em Kerala há cerca de 2500 anos, desde o tempo de Susruta, o pioneiro indiano da medicina e da cirurgia. Segundo consta, o Navara existe em quatro formas diferentes e tem propriedades especiais e múltiplas utilizações - um alimento muito nutritivo, equilibrado e seguro para pessoas de todas as idades. A pasta de arroz desta variedade é recomendada para aplicação externa para rejuvenescer os músculos. Segundo a Ayurveda, a massagem corporal com bolos feitos de arroz Navara (Navara kizhi) juntamente com raízes de uma planta medicinal muito popular, a Bala (Sida rhombifolia var. retusa), em leite fervido, proporciona vitalidade. No sistema de saúde local, a Navara é utilizada internamente em doenças como a diarreia e as doenças dos órgãos urinários, e também externamente como aplicação para a perda de massa muscular, queimaduras e escaldões. A farinha de Navara misturada com farinha seca de uma variedade local de banana, a kunnan, é recomendada para alimentar os recém-nascidos mesmo antes do seu primeiro ritual de alimentação. Há um interesse generalizado por este arroz entre os cientistas e médicos do sector da saúde.

A Navara ocupa um lugar importante no sistema de tratamento ayurvédico e é utilizada, isoladamente ou em combinação com outras ervas, para tratar muitas doenças (DownToEarth, datado de 31.05.2008). O arroz é de dois tipos: o branco glumoso (descascado) e o preto glumoso. O texto ayurvédico do século XII, *Ashtangahridayam,* descreve o Navara branco como medicamento superior, mas a variedade de goma preta parece ser atualmente preferida pelos médicos.

O arroz tem uma vasta gama de benefícios. O arroz Navara cozido é um bom alimento de desmame para os bebés, especialmente os de baixo peso. O caldo feito com arroz Navara adicionado à carne é recomendado às mulheres grávidas, pois aumenta o peso do feto. Cozinhado com leite e ervas, pode tratar feridas internas. O óleo de farelo de arroz Navara é utilizado para uma vasta gama de dores e afecções dolorosas, como a espondilose cervical, a lombalgia, a paralisia e a artrite reumatoide. Os médicos ayurvédicos utilizam eficazmente a pasta de arroz Navara, *lepanam*, para tratar a psoríase. A pasta é também um excelente remédio para as lesões cutâneas. A papa de arroz feita de Navara é considerada benéfica na prevenção de várias doenças e é também considerada um alimento seguro para os diabéticos.

A Navara é utilizada em Navarakizhi, um tratamento especializado da medicina tradicional de Keralas utilizado para curar doenças neuromusculares. O arroz cozinhado numa decocção da erva Sida (*Sida rectusa* Lin.), à qual foi adicionado leite, torna o corpo flexível, elimina a rigidez das articulações, limpa os canais do corpo e melhora a circulação sanguínea. É tradicionalmente consumida como uma bebida reconstituinte, chamada *karkidakakanji*, e é eficaz na cura da fadiga.

3.7.2. Algumas variedades tradicionais de Kerala

1. Arikirai
2. Aryan
3. Boli Ari
4. Cheera Thouvan
5. Chembaavu
6. Chenjeera
7. Chennellu
8. Cherumadan
9. Chitteni
10. Chuvanna Choman
11. Dl (Uma)
12. Dhebi
13. Gandhakasala
14. Jeerakasala
15. Kaattaazhi
16. Kariyadukkan
17. Karutharikannan
18. Keeripallan

19. Kochathikkalaari
20. Kodukayama
21. Kozhivalan
22. Kumaro-athikkalaari
23. Kunjinellu
24. Kunjuvithu
25. Kuppakayama
26. Kuttadan
27. Malakkannan
28. Malakkaran
29. Matta Palakkad
30. Modan
31. Moorkhan
32. Mundakan
33. Mundodan
34. Mundot
35. Munnayan
36. Nallachennellu
37. Njavara
38. Odachan
39. Oryssa
40. Palliyaran
41. Paravalappan
42. Ponnariyan
43. Punjakayama
44. Rajadhani
45. Rajakayama
46. Ratha Choodi
47. Sughikayama
48. Thavalakkannan
49. Thonnuran
50. Thottam
51. Thovvan
52. Undakayama
53. Vachan
54. Vattan
55. Vayalthoova
56. Vellachoman
57. Vellariyan
58. Vellathovvan
59. Veluthariknnan
60. Wayanad Kayamma
61.

3.8. CULTIVARES LOCAIS DE ARROZ EM MAHARASTHRA

Thane é um dos distritos tribais de Maharashtra. As tribos da parte norte do distrito de Thane conservaram as raças de arroz na exploração agrícola através de métodos tradicionais de cultivo. Marathe e Bhaskar (2011) estudaram as características de rendimento e os valores nutricionais de 28 variedades tradicionais de arroz do distrito de Thane de Maharathra. Os resultados do seu trabalho incluíram cultivares de arroz perfumado, de grão longo, curto e arrojado, com elevado teor de proteínas, hidratos de carbono e lisina.

Havia um maior número de cultivares locais disponíveis em Jawar e Mokhada taluk Marathe e Bhaskar (2011). A razão para a conservação nesta região é o ecossistema agrícola específico, com uma região montanhosa sem possibilidade de irrigação. O cultivo de variedades autóctones está a diminuir gradualmente na outra parte do distrito sob a pressão da urbanização e da industrialização. De acordo com a opinião de Marathe e Bhaskar (2011), as raças autóctones de arroz cultivadas nesta região são altamente valiosas, uma vez que possuem caracteres morfogenéticos e agronómicos importantes. No entanto, o baixo teor de hidratos de carbono e o elevado teor de proteínas no grão de arroz e a capacidade de tolerância à seca, a curta duração da cultura, a qualidade do grão longo e perfumado fazem destas raças terrestres uma importante coleção de germoplasma para o futuro programa de melhoramento do arroz.

Uma lista de algumas das variedades tradicionais de arroz de Maharathra é apresentada em Marathe e Bhaskar (2011).

1. Rajghudya
2. Malghudya
3. Lal kudai
4. Dangi
5. Jira bhat
6. Tornya
7. Kolpi
8. Kolam
9. Dodkya dangi
10. Kolpi 2
11. Patanya
12. Javarya
13. Varangal
14. Mal kolam
15. Suganta
16. Badmya
17. Salva bhat
18. Tychun
19. Sag bhat
20. Masala bhat
21. Solam
22. Jhini
23. Bhai bhat
24. Dhundhunya
25. Kalait
26. Surati
27. Masuri
28. Chimansal

3.9. CULTIVARES LOCAIS DE ARROZ EM TAMIL NADU

Algumas das cultivares tradicionais em Tamil Nadu com valor medicinal são Mappillai Samba (controla os níveis de açúcar), Thouni (preto rico em anti-oxidantes), Poongar (ideal para mulheres grávidas), Palkudavalai (bom para doentes cardíacos), Elupaipu Samba (o seu mingau rejuvenesce mesmo os acamados). Existe uma outra variedade chamada "Chiraga samba", utilizada para fazer "biryani" devido à sua fragrância natural (Jayaraman, 2015). Outra variedade de arroz, "Panag Kattu Kudavazai", é adequada para zonas com sal e água do mar. A variedade "Kattaisamba" é outra variedade muito apreciada, que pode crescer mesmo em zonas alagadas.

3.10. CULTIVARES LOCAIS DE ARROZ EM ODISHA

1. Nalihati (non-aromatic)
2. Padmakeshari (aromatic)
3. Kalamoti (aromatic)
4. Balami (aromatic)
5. Kalajiri (aromatic)
6. Tulasibasa (aromatic)
7. Pimpudibasa (aromatic)
8. Swarna (non-aromatic)
9. Nalabainsi (non-aromatic)
10. Pateni (non-aromatic)

3.11. CULTIVARES LOCAIS DE ARROZ EM BENGALA OCIDENTAL

Bengala Ocidental tinha mais de 5000 variedades. Apenas 150 podem ser encontradas nos campos dos agricultores. Estas não foram estudadas nem avaliadas, e muitas delas podem competir com as variedades modernas apenas com o modo biológico. Assim, reduz o custo de produção e proporciona um rendimento de grão sustentável de 4,5-6 toneladas / ha. Trata-se de Kerala Sunadari (uma seleção do distrito de Purulia, em Bengala Ocidental), Bahurupi, Kesabsal, Rabansal, etc.

3.11.1. Variedades tradicionais de Bengala Ocidental

Segue-se uma lista das variedades tradicionais de Bengala Ocidental (https://en.wikipedia.org/ wiki/List_of_rice_varieties#Tamil_Nadu_rice_varieties):

1. Alai
2. Amkel
3. Antarbhet
4. Are emo
5. Adansilpa
6. Agarali
7. Agniban
8. Aguripak
9. Anshphal
10. Arabaihar
11. Arabaihar
12. Are hat Punko
13. Aroar
14. Asanliya
15. Bahurupi
16. Begun bichi

17. Bhaaluki
18. Bhaludubraj
19. Bhasa Kalmi
20. Bhasa manik
21. Birpana
22. Badamphul
23. Badshabhog
24. Bahdurbhog
25. Baigan monjia
26. Bakui
27. Balam
28. Balaramsal
29. Banglaptanai
30. Baranali
31. Barshalakshmi
32. Baskathi
33. Basmoti-370
34. Baspata
35. Bhimsal
36. Bhogdhan
37. Bhutia
38. Birahi
39. Birai
40. Bodimani
41. Chamarmani
42. Chamatkar
43. Chinakamini
44. Chandrakanata
45. Deko 2
46. Denta
47. Dheku
48. Dhundhuni
49. Dudheswar
50. Dudheswar Sundarban
51. Danaguri
52. Dandkhani
53. Dandsal
54. Danti
55. Dayalmadina
56. Debsundari
57. Dehradun Gandheswari
58. Desi Jarhan Baihar
59. Desidhan
60. Dhapa
61. Dharaial
62. Dhusari
63. Dolle Kartick
64. Dope
65. Dubraj
66. Dudheswar
67. Dudhkalma
68. Dwarkasal
69. Fulmugri
70. Gangabaru
71. Garikhajara
72. Geligeti
73. Ghios
74. Ghurghupaijam
75. Gitanjali
76. Gobindabhog
77. Gopalbhog
78. Goradhan
79. Janglijata
80. Haldichuri
81. Haludgati
82. Hamai

83. Hamilton
84. Harinkajli
85. Hatidhan
86. Hendebaihar
87. Heruajoha
88. Hogla
89. Hamiltan
90. Hangara
91. Hormanona
92. Itanagar
93. Jabaful
94. Jalkamini
95. Jamainaru
96. Jasmine
97. Jata
98. Jhili
99. Jhinge sal
100. Jhingesal L
101. Jhuli
102. Jhulur
103. Jhumpuri
104. Jigiresamba
105. Jugal
106. Jabra
107. Jaldhapa
108. Jaldubi
109. Jubri dhan
110. Kaleti
111. Kaloboro
112. Kumragore
113. Kabirajsal
114. Kabirajsal Odisha
115. Kaggavat
116. Khara
117. Kahndagiri
118. Kaika
119. Kalachipta
120. Kalalahi
121. Kalamdani
122. Kalodhan
123. Kalodhapa
124. Kalogoda
125. Kalojira
126. Kalonunia
127. Kaltura
128. Kalavat
129. Kaminibhog
130. Kamolsankari
131. Kanakchur
132. Kanchafulo
133. Kankri
134. Karigavole
135. Karikagga
136. Karni
137. Kasiphul
138. Kasuabinni
139. Katarangi
140. Kataribhog
141. Katki
142. Kendu Manjia
143. Kerala Sundar
144. Kesab sal
145. Khadwak
146. Kolajoha
147. Kolkiala pateni
148. Komol

149. Krishanabhog
150. Kuji Pateni
151. Kute Patnai
152. Laghu
153. Lakhsman sal
154. Lalbadshabhog
155. Lalbasmati
156. Laldhan Patela
157. Laldhapa
158. Lalgetu
159. Lalkalam
160. Lalsita
161. Lathisal
162. Lusri
163. Lalbahal
164. Laldhan
165. Lalsaru
166. Lalu
167. Langlamuthi
168. Lohoindi
169. Maiganguri
170. Malabati
171. Maliagiri
172. Marikhas
173. Meghi
174. Meghnad Dumru
175. Mohini 2
176. Motabaihar
177. Moulo
178. Machakanata
179. Madhumala
180. Malsiara
181. Marichsal
182. Markali
183. Mastaer patnai
184. Matidhan
185. Matla
186. Medi
187. Mehadi
188. Mohonbhog
189. Mugojai
190. Nagaland kalo
191. Nalipankhia
192. Nikkodan
193. Nivar
194. Nonakshitish
195. Nagaland
196. Nagalanmd Sada
197. Nageswari
198. Nagra patnai
199. Narayan 21
200. Narayan kamini
201. Narkelchari
202. Neli emo
203. Orasal
204. Pakistani Basmati
205. Pakri
206. Pankha Gura
207. Pari
208. Paru
209. Pateni
210. Patikalam
211. Patnai 23
212. Payti emo
213. Putkhalai
214. Parbal

215. Parimolsana
216. Phakirmoni
217. Pokali
218. Rabansal
219. Radhatilak
220. Radhuni pagal
221. Raghu sal
222. Ramchandrabhog
223. Ramigelli
224. Rangi Dhan
225. Rani akanda
226. Radha emo
227. Rahspanjar
228. Ramjiara
229. Ranikajal
230. Rupali
231. Rupsal
232. Sadagetu
233. Sabita
234. Sabraj
235. Sada Chenga
236. Sada Kalam
237. Safari
238. Salkele
239. Samba sole
240. Sapuri
241. Sararaj
242. Sarukala
243. Shatia
244. Shu Kalma
245. Silkote
246. Sita sal
247. Sitabhog
248. Siulee
249. Sole
250. Soler Pona
251. Sonalu
252. Sonasari
253. Srikamal
254. Super sita
255. Talmugur
256. Tangar sal
257. Teranga
258. Thubi
259. Tilakkachari
260. Tulsa
261. Tulsibas
262. Tulsimanjari
263. Tulsmukul
264. Tilakasturi
265. Toragoda
266. Tulaipanji
267. Vogalaya
268. White Harisnakar
269. White ponny

Capítulo 4

UTILIZAÇÕES DO ARROZ

O arroz é utilizado de muitas formas, tanto para fins alimentares como para outros fins. Tudo no arroz é de importância económica para o homem: o farelo para óleo; a casca para combustível, fertilizantes e isolamentos; as palhas das folhas e dos caules são utilizadas para tecer telhados, cestos, chapéus, camas e alimentos para animais. O arroz comestível também tem diferentes finalidades, incluindo o popular arroz frito, Joll de arroz cozinhado principalmente nos trópicos, o arroz cozinhado simples que pode ser comido com guisados, sopas, saladas e ketchups, etc. O "arroz doce" local é feito de arroz cozido e amassado misturado com açúcar e leite. Alguns dos diferentes tipos de utilização do arroz foram discutidos neste capítulo.

4.1. O ARROZ COMO ALIMENTO BÁSICO

Um alimento básico, ou simplesmente um alimento básico, é um alimento que é consumido de forma rotineira e em quantidades tais que constitui uma parte dominante de uma dieta padrão para um determinado povo, fornecendo uma grande fração das necessidades energéticas e, geralmente, formando também uma proporção significativa da ingestão de outros nutrientes. O alimento básico de uma sociedade específica pode ser consumido todos os dias ou em todas as refeições, e a maioria das pessoas vive com uma dieta baseada apenas num pequeno número de alimentos básicos (UNFAO, 2010). Os alimentos básicos variam de lugar para lugar, mas normalmente são alimentos baratos ou facilmente disponíveis que fornecem um ou mais dos três macronutrientes orgânicos necessários para a sobrevivência e a saúde: hidratos de carbono, proteínas e gorduras.

O arroz é a principal fonte de alimentação diária de mais de 1,6 mil milhões de pessoas em todo o mundo, na Ásia, na América Latina e em África. Domesticado pela primeira vez na Índia e no Sudeste Asiático, as pessoas cultivam-no há milhares de anos. As investigações mostram que o Japão começou a consumir arroz por volta de 100 a.C. Durante as expedições comerciais portuguesas, o arroz foi trazido para a América do Sul.

A China, a Indonésia e a Índia são os maiores cultivadores. Atualmente, o arroz representa 16,5% do consumo calórico mundial

4.2. ESTRELA

O amido de arroz é um pó branco de grão fino e insípido obtido através da transformação do arroz cru. É pouco dispendioso, hipoalergénico e não tóxico. O amido de arroz é um ingrediente importante em produtos de higiene corporal porque não tem aroma. Outros produtos fabricados com amido de arroz incluem medicamentos, alimentos para bebés em frascos e misturas de alimentos processados. O amido de arroz também é utilizado no fabrico de gelados, pó de creme, pudins, gel, destilação de álcool potável, etc.

4.3. BARRA DE ARROZ

É utilizado em produtos de confeitaria como pão, snacks, bolachas e biscoitos. O farelo desengordurado é também utilizado como alimento para o gado, fertilizante orgânico (composto), para fins medicinais e no fabrico de cera. O farelo de arroz é uma das fontes mais ricas de vitaminas, minerais e antioxidantes encontradas na natureza (www.nutri-rice.com, de 22.07.2017).

4.4. ÓLEO DE ARROZ BRANCO

O farelo de arroz é o subproduto mais valioso da indústria de moagem de arroz. Contém 18-20% de gordura, 14-15% de proteínas e, em certa medida, minerais e vitaminas. Normalmente, é utilizado o método de extração por solventes para extrair o óleo do farelo de arroz. Por conseguinte, é possível obter o máximo benefício financeiro através da utilização judiciosa do farelo de arroz de diversas formas.

O óleo de farelo de arroz é utilizado como óleo alimentar, no fabrico de sabão e de ácidos gordos. Também é utilizado em cosméticos, fibras sintéticas, detergentes e emulsionantes. É nutricionalmente superior e proporciona uma melhor proteção ao coração. O óleo de farelo de arroz, no seu estado natural, contém vários constituintes de potencial importância na dieta e na saúde. O interesse tem-se centrado principalmente no gama-orizanol, nos tocotrienóis e nos tocoferóis, todos eles com propriedades antioxidantes. Os dois últimos são formas naturais da vitamina E.

4.5. ARROZ FRITO

É feito de arroz parboilizado e utilizado em muitas preparações. O arroz em flocos, vulgarmente conhecido por poha, (também designado por arroz batido) é um arroz indori que é achatado em flocos secos e leves. Estes flocos de arroz incham quando adicionados a líquidos, quentes ou frios, pois absorvem água, leite ou quaisquer outros líquidos. A espessura destes flocos varia entre uma espessura quase translúcida (nas variedades mais caras) e uma espessura quase quatro vezes superior à de um grão de arroz normal.

O arroz em flocos é uma forma facilmente digerível de arroz cru e é muito popular na Índia, no Nepal e no Bangladesh, sendo normalmente utilizado para preparar refeições ligeiras ou refeições rápidas ligeiras e fáceis numa variedade de estilos de cozinha indiana, algumas mesmo para consumo a longo prazo de uma semana ou mais. É conhecido por uma variedade de nomes: Pauaa/Paunv em Gujarati, Poya em Rajasthani, Chuda em Odia Atukulu em Telugu, Aval em Tamil e Malayalam Chiura em partes de Bihar e Jharkhand, Chira em Bengali e Assamese, Chiura em Maithili, Nepali, Bhojpuri e Chhattisgarhi, Poha (http://www.discoverbangalore.com/avalakki.htm) ou Pauwa (http://theory.tifr.res.in/bombay/ history/people/cuisine/vocab.html) em hindi Baji em newari Pohe em marathi Phovu em konkani, Avalakki em kannada (http://www.discoverbangalore. com/avalakki.htm).

A Poha pode ser consumida crua, mergulhada em água ou leite, com sal e açúcar a gosto, ou ligeiramente frita em óleo com nozes, passas, cardamomos e outras especiarias. A variedade ligeiramente frita é um pequeno-almoço habitual na região de Malwa (arredores de Ujjain e Indore), no Madhya Pradesh. Pode ser reconstituída com água quente para fazer uma papa ou uma pasta, consoante a proporção de água adicionada. Nas aldeias, nomeadamente em Chhattisgarh, o arroz achatado é também consumido cru, misturado com açúcar de cana.

Em Maharashtra, o pohe é cozinhado com sementes de mostarda ligeiramente fritas, açafrão, malagueta verde, cebolas finamente picadas e, em seguida, adiciona-se pohe humedecido à mistura picante e cozinha-se a vapor durante alguns minutos.

4.6. ARROZ EMPARELHADO

É feito a partir de grãos inteiros e utilizado inteiro para comer. O arroz tufado tradicional, chamado *muri,* é feito aquecendo o arroz num forno cheio de areia. O muri está para o arroz como as pipocas estão para o milho. O processamento envolvido torna o arroz menos perecível [https://en.wikipedia.org/wiki/Puffed_rice]. O mandakki é um alimento básico em muitas partes de Rayalaseema, Karnataka do Norte, Odisha, Tripura, Bengala Ocidental e Bangladesh. Jhalmuri ou Masalemandakki é uma preparação muito popular feita de mandakki (muri).

O arroz tufado é formado pela reação do amido e da humidade quando aquecido dentro da casca do grão. Ao contrário das pipocas, os grãos de arroz são naturalmente pobres em humidade e têm de ser condicionados com vapor. O arroz tufado pode ser criado aquecendo os grãos condicionados a vapor com óleo ou num forno. O arroz tufado desta forma é estaladiço e é conhecido como "arroz estaladiço". O arroz estaladiço no forno é utilizado para produzir o cereal de pequeno-almoço Rice Krispies, bem como o arroz estaladiço utilizado nas Lion Bars, Nestle Crunch, Krackel e barras de chocolate semelhantes. Embora não seja uma mudança tão dramática quando comparada com as pipocas, o processo e o resultado final são os mesmos.

4.7. ARROZ PARCELADO

É feito de arroz parboilizado e é facilmente digerível. Prepara-se deitando o arroz na areia aquecida a uma temperatura elevada numa panela de ferro ou de barro. Ao ser mexido, o arroz começa a estalar e a inchar. Em seguida, retira-se o conteúdo da panela e peneira-se para separar o arroz ressecado da areia. O arroz estufado é utilizado para o fabrico de arroz salgado de cor cinzenta a branco brilhante e é vendido com ou sem sal. É consumido tal e qual ou misturado com leite de manteiga ou leite.

4.8. ÁGUA DE ARROZ

A água de arroz é rica em minerais de beleza e vitaminas que a tornam fantástica tanto para a pele como para o cabelo. As mulheres asiáticas utilizam a água de arroz há séculos para embelezar o cabelo, o rosto e a pele. Ferva o arroz em mais água do que a quantidade habitualmente utilizada para que o arroz não absorva toda a água e coe a água extra. Esta água é a verdadeira água de arroz, que está cheia de benefícios nutricionais. Mas, mais do que isso, a água de arroz tem sido utilizada para lavar o rosto e o cabelo.

- Lavar o rosto com água de arroz torna a pele muito macia e também ajuda a melhorar a tez
- É um ótimo substituto do tónico e reafirma a pele
- Ajuda a reduzir o tamanho dos poros da pele
- Lavar o cabelo com água de arroz dá brilho ao cabelo e ajuda a mantê-lo saudável. Em seguida, enxaguar com água fria.
- Utilizar a água de arroz como parte das máscaras e esfoliantes para o rosto, corpo e cabelo
- Utilizar água de arroz para tomar banho ou deitar água de arroz na banheira ou no balde
- Os grãos de arroz em pó também são utilizados como esfoliante corporal e tornam a pele extremamente macia

4.9. HANDIA

A Handia (também conhecida como hadia, handiya ou hadiya) é uma cerveja de arroz, normalmente fabricada pelos indígenas dos estados indianos de Bihar, Jharkhand, Odisha, Madhya Pradesh e Chhattisgarh (Kumar e Rao, 2007). O fabrico implica a utilização de *pastilhas de ranu*, que é essencialmente uma combinação de cerca de 20-25 ervas e actua como fermentador (Kumar e Rao, 2007). As pastilhas de *ranu* são depois misturadas com arroz cozido e deixadas a fermentar. A bebida está geralmente pronta no prazo de uma semana. É servida fresca e tem um teor alcoólico inferior ao de outros licores indianos.

Em Odisha, os habitantes tribais consomem cerveja de arroz, coloquialmente designada por "Handia", preparada a partir de variedades tradicionais de arroz através da fermentação de arroz regado durante vários dias (Mohanti *et al.*, 2012). Acrescentam-lhe uma fórmula à base de ervas chamada

"Bakhara", que afirmam torná-la uma bebida saudável e que também previne doenças gastrointestinais. As tribos do Norte de Bengala, que consomem uma bebida alcoólica chamada Haria. Trata-se de uma fórmula à base de ervas preparada a partir de farinha de arroz fermentada com uma cultura de levedura (Basnet, 2003). Uma prática semelhante foi também observada entre as tribos de Jharkhand, do grupo de ilhas Andaman e de Bihar.

4.10. VINAGRE DE ARROZ

O vinagre de arroz branco é um líquido incolor a amarelo pálido, mais rico em ácido acético do que outros vinagres chineses, mas ainda menos ácido e de sabor mais suave do que os vinagres ocidentais. O vinagre preto é muito popular no sul da China. O vinagre de Chinkiang, originário da cidade de Zhenjiang, na província costeira oriental de Jiangsu, é considerado o melhor dos vinagres de arroz preto. Normalmente, o vinagre de arroz preto é feito com arroz glutinoso preto (também chamado "arroz doce"). É de cor escura e tem um sabor profundo, quase fumado. Para além de Zhenjiang, também é produzido em Hong Kong. Este vinagre é diferente do vinagre preto popular no norte da China, que é feito de sorgo, ervilhas, cevada, farelo e palha e está mais associado à província de Shanxi. O vinagre de arroz vermelho tem uma cor vermelha caraterística do arroz com levedura vermelha, que é cultivado com o fungo *Monascus purpureus*. Este vinagre tem um sabor caraterístico próprio devido ao bolor vermelho.

4.11. PALHA DE ARROZ

O arroz é utilizado principalmente como alimento para animais, combustível, cama de cogumelos, cobertura vegetal em culturas hortícolas e na preparação de papel e composto. Na indústria do artesanato, a palha de arroz é utilizada no fabrico de certos produtos de fantasia, como sacos, tapeçarias, etc. A palha de arroz, juntamente com outros materiais fibrosos, pode ser utilizada para preparar pasta para o fabrico de tábuas e papéis. A palha de arroz é cortada em pedaços e depois utilizada para fazer camas para o cultivo de cogumelos.

Na Índia, a palha de arroz é utilizada para preparar o esqueleto de uma divindade durante diferentes festivais. Um grupo de agricultores em Andhra Pradesh preparou panos (sarees, toalhas, etc.) a partir de palha de arroz.

4.12. PRODUTOS COM BASE NO TEOR DE SÍLICA

A sílica é extraída da casca de arroz sob a forma de silicato de sódio ou através da queima da casca como combustível para produzir cinzas, que contêm maioritariamente sílica. As cinzas brutas obtidas em fornos alimentados com casca de arroz são utilizadas como coberturas de isolamento para lingotes de aço, abrasivos na limpeza de metais, veículo para fungicidas, insecticidas e catalisadores, auxiliar de limpeza de pavimentos, tijolos refractários leves, tijolos de sílica-cal e silicato de sódio. A sílica de elevada pureza para a produção de artigos de vidro sinterizado pode ser obtida a partir de cinzas de casca de árvore por lixiviação ácida. O pó de silício de elevada pureza pode ser produzido através da redução da sílica de casca de elevada pureza por metais como o magnésio ou o cálcio.

4.13. MATERIAL DE TRANSPORTE NA PREPARAÇÃO DE MEDICAMENTOS

Poucas cultivares locais estão a ser utilizadas na preparação de medicamentos tradicionais. Shri Suresh Roy de Ramsahi, distrito de Jalpaiguri de Bengala Ocidental (Índia) cultiva uma cultivar local *Satia* que está a ser adquirida por um praticante de medicina tradicional e utiliza o pó deste arroz como material de transporte para comprimidos de medicina tradicional (Roy *et al.*,2013).

4.14. OUTRAS UTILIZAÇÕES

É utilizado como combustível, no fabrico de cartão e papel, em materiais de embalagem e de construção e como isolante. É também utilizado no fabrico de composto e de derivados químicos.

Capítulo 5

ARROZ MEDICINAL

5.1. INTRODUÇÃO

Há *um* grande número de variedades de arroz autóctones na Índia, que ainda são cultivadas pelas populações tribais e pelos pequenos agricultores das zonas remotas, onde as práticas agrícolas modernas, os alimentos suficientes e os sistemas de saúde são um sonho. A natureza proporcionou-lhes algumas formas alternativas. Existem diferentes variedades autóctones de arroz com os seus valores nutricionais e medicinais. Até há pouco tempo, o arroz era considerado apenas um alimento rico em amido e uma fonte de hidratos de carbono e de alguma quantidade de proteínas. A proteína do arroz, embora em pequena quantidade, tem um elevado valor nutricional (Chaudhary e Tran, 2001). Tem propriedades curativas extensas conhecidas desde a antiguidade. De facto, variedades específicas de arroz com propriedades medicinais foram cultivadas e utilizadas no tratamento de algumas doenças em diferentes países do Sudeste Asiático.

Nos últimos tempos, tanto a nível nacional como internacional, as raças autóctones estão a ser preservadas nos bancos de genes. Os cientistas afirmam que também estão a verificar se estas raças terrestres apresentam algumas características que não estão disponíveis nas variedades existentes, de modo a incorporá-las nas variedades actuais (Sultan e Subba Rao, 2013). As variedades tradicionais estão a registar uma tendência crescente entre os consumidores, devido aos seus incríveis benefícios para a saúde, por exemplo, as variedades tradicionais possuem uma maior quantidade de ácido glutâmico, fibras e vitaminas. Algumas pessoas também atribuem às variedades tradicionais outros benefícios para a saúde, tais como dar sensações de arrefecimento no corpo, melhorar a clareza vocal, a visão, a fertilidade e atenuar as erupções cutâneas (Caius, 1999).

A antiga literatura *ayurvédica* (Indian *Materia Media*) dos séculos XV e XVI d.C. descreve diferentes tipos de arroz, nomeadamente variedades perfumadas com propriedades medicinais e curativas. Já em 400 a.C., *Susruta*, o grande pioneiro indiano da medicina, descreveu as propriedades medicinais do arroz. O arroz é considerado acre, oleaginoso, tónico, afrodisíaco, engorda, diurético e útil na biliosidade (Das e Oudhia, 2000). As cultivares tradicionais de arroz estão a ser utilizadas na cura de muitas doenças pela população rural da Índia (Vir *et al.*, 2005; Shakeelur Rahman *et al.*, 2006; Mohanty *et al.*, 2012).

Na Índia, o arroz goza de um estatuto único desde a antiguidade devido às suas qualidades especiais. Os textos e o folclore indianos antigos contêm referências às propriedades especiais do arroz. O grande sábio Parashara, no texto sânscrito Krishi-Parashara, escreveu com propriedade em louvor deste grão alimentar. "O arroz é vitalidade, o arroz é também vigor, e o arroz é, de facto, o meio de realização de todos os fins da vida. A água de arroz é prescrita pela Farmacopeia da Índia como um unguento para combater a superfície inflamada. Todos, deuses, demónios e seres humanos, subsistem do arroz" (Majumdar e Banerji, 960).

Foram efectuados inquéritos e estudos sobre o arroz medicinal nos Estados com elevada biodiversidade de arroz, como Kerala, Karnataka, Tamil Nadu, Chhattisgarh (Oudhia, 1999; Das e Oudhia, 2000; Shakeelur Rahman *et al.*, 2006;), Jharkhan (Shakeelur Rahman *et al.*, 2006), Bihar (Shakeelur Rahman *et al.*, 2006) e, em certa medida, em Assam (Shakeelur Rahman *et al.*, 2006). Bengala Ocidental, Sikkim e outros estados do nordeste também têm uma biodiversidade de arroz muito elevada, mas há menos informação disponível sobre a utilização medicinal do arroz ou dos produtos à base de arroz no tratamento de doenças humanas ou animais.

O arroz colorido é considerado uma fonte potente de antioxidantes e o seu consumo é encorajado. O arroz preto contém um teor relativamente elevado de antocianina na camada do pericarpo, o que lhe confere a cor púrpura escura. As antocianinas são conhecidas pelas suas propriedades bioactivas e reconhecidas como substâncias benéficas para a saúde devido às suas actividades antioxidantes, anti-inflamatórias, anticancerígenas, anti-aterogénicas e efeitos anti-hipoglicémicos. Segundo os cientistas, o arroz preto tem baixo teor de açúcar, mas está repleto de fibras saudáveis e de compostos vegetais que combatem as doenças cardíacas e o cancro. Existe um grande número de arroz preto tradicional nesta região (Roy e Surje, 2016). O arroz vermelho também possui propriedades semelhantes às do arroz preto e é importante do ponto de vista nutricional. A estimativa das propriedades antioxidantes do arroz preto e do arroz vermelho fornecerá informações sobre a atividade antioxidante de uma cultivar de arroz local meticulosa.

5.2. UTILIZAÇÃO MEDICINAL DO ARROZ POR PAÍS

Alguns acreditam que o arroz tem propriedades medicinais. Tem sido utilizado em muitos países para fins medicinais. As utilizações medicinais do arroz em cada país são abordadas a seguir.

5.2.1. Indiano

Na antiga literatura indiana, é claramente mencionado que todas as plantas da terra são úteis para os seres humanos, os animais e outras plantas (Oudhia, 1999). Na Ayurveda, os valores medicinais do arroz foram descritos: o arroz é considerado acre, oleaginoso, tónico, afrodisíaco, engorda, diurético e útil na biliosidade (Caius, 1986). Alguns acreditam que o arroz tem propriedades medicinais. A água de arroz é prescrita pela Farmacopeia da Índia como uma pomada para combater a superfície inflamada.

5.2.2. Filipinas

O polimento do arroz - o farelo - é extraído e utilizado como uma excelente fonte de vitamina B para prevenir e curar a beribéri.

5.2.3. Malásia

No Medicinal Book of Malayan Medicine, prescreve-se que as "verduras" de arroz cozido podem ser utilizadas como loção para os olhos e em caso de inflamação aguda dos tecidos internos do corpo. O livro também recomenda a aplicação de uma mistura de arroz seco e em pó em certas doenças de pele.

5.2.4. Camboja

As cascas das plantas de arroz maduras são consideradas úteis para tratar a disenteria. A casca de uma planta de arroz com três meses de idade é considerada diurética.

5.2.5. China

Os chineses acreditam que o arroz fortalece o baço, bem como o "estômago fraco", aumenta o apetite e cura a indigestão. Os grãos de arroz secos germinados foram outrora utilizados como medicamento externo para ajudar na digestão, tonificar os músculos e expelir os gases do estômago e dos intestinos.

5.3. BENEFÍCIOS DO ARROZ PARA A SAÚDE

Os benefícios do arroz para a saúde podem ser encontrados em mais de 40000 variedades deste cereal disponíveis no mundo. As duas principais categorias incluem o arroz integral e o arroz branco. O arroz integral não é muito processado, pelo que tem um elevado valor nutricional, enquanto o arroz branco é processado de modo a que o farelo ou a cobertura exterior seja removida e tenha menos valor nutricional. O arroz também pode ser definido pelo comprimento de cada grão. As cozinhas indiana e chinesa são especializadas em arroz de grão longo, enquanto os países ocidentais preferem grãos curtos ou médios. Segundo a Rice-Trade, o arroz é extremamente nutritivo.

5.3.1. Grande fonte de energia

O arroz contribui para a maior parte da energia dietética do corpo. Como o arroz é rico em hidratos de carbono, actua como combustível para o corpo e ajuda no funcionamento normal do cérebro. A contribuição do arroz para a percentagem de energia alimentar total, proteínas e gorduras em alguns países é apresentada no Quadro 5.1 (FAO, 2001).

Tabela 5.1. O teor de nutrientes de diversas variedades de 100 g de arroz (USDA,

2011)

Rice	Water (g)	Energy (kcal)	Protein (g)	Total Lipid (g)	Carbohydrate (g)*	Fiber (g)
Rice, white, glutinous, raw	10.46	370	6.81	0.55	81.68	2.8
Rice, white, glutinous, raw	76.63	97	2.02	0.19	21.09	1.0
Rice flour, white	11.89	366	5.95	1.42	80.13	2.4
Rice flour, brown	11.97	363	7.23	2.78	76.48	4.6
Rice, brown, long-grain, raw	10.37	370	7.94	2.92	77.24	3.5
Rice, brown, long-grain, cooked	73.09	111	2.58	0.90	22.96	1.8
Rice, white, short-grain, raw	13.29	358	6.50	0.52	79.15	2.8
Rice, white, short-grain, cooked	68.53	130	2.36	0.19	28.73	-

* Carbohydrate was determined by difference, fiber was total dietary

5.3.2. Sem colesterol

O consumo de arroz é extremamente benéfico para a saúde, pelo simples facto de não conter gorduras nocivas, colesterol ou sódio. Faz parte integrante de uma alimentação equilibrada.

5.3.3. Rico em vitaminas

O arroz é uma excelente fonte de vitaminas e minerais como a niacina, a vitamina D, o cálcio, a fibra, o ferro, a tiamina e a riboflavina.

5.3.4. Arroz para a tensão arterial elevada

Como o arroz tem baixo teor de sódio, é considerado o melhor alimento para quem sofre de tensão arterial elevada e hipertensão.

5.3.5. Prevenção do cancro

O arroz integral, como o arroz integral, é rico em fibras insolúveis que podem proteger contra muitos tipos de cancro. Muitos cientistas acreditam que essas fibras insolúveis são vitais para proteger o corpo contra as células cancerosas.

5.3.6. Disenteria

A parte da casca do arroz é considerada um medicamento eficaz para tratar a disenteria. Diz-se que a casca de uma planta de arroz com três meses de idade contém propriedades diuréticas. Os chineses acreditam que o arroz aumenta consideravelmente o apetite, cura as doenças do estômago e os problemas de indigestão. De acordo com o inquérito efectuado por Shakeelur Rahaman *et al.* (2006), em Bihar e Jharkhand, a variedade de arroz *Karanga* é utilizada em todas as queixas de disenteria.

5.3.7. Cuidados com a pele

Os médicos especialistas afirmam que o arroz em pó pode ser aplicado para curar algumas doenças de pele. No subcontinente indiano, a água de arroz é devidamente prescrita pelos médicos ayurvédicos como uma pomada eficaz para arrefecer as superfícies inflamadas da pele. As variedades Aalcha, Nagkesar e Kari Bhatta também são utilizadas para cuidar da pele.

5.3.8. Doença de Alzheimer

Diz-se que o arroz integral contém níveis elevados de nutrientes neurotransmissores que podem prevenir consideravelmente a doença de Alzheimer.

5.3.9. Doença cardíaca

Diz-se que o óleo de farelo de arroz tem propriedades antioxidantes que promovem a força cardiovascular, reduzindo os níveis de colesterol no corpo.

5.4. UTILIZAÇÃO MEDICINAL DO ARROZ EM FUNÇÃO DAS DOENÇAS

No estado indiano de Chhattisgarh, o arroz é considerado uma planta medicinal (Das e Oudhia, 2000; Oudhia, 2006). Os insectos que atacam o arroz são também utilizados na cura tradicional. Os curandeiros tradicionais utilizam diferentes partes do arroz medicinal no tratamento de doenças comuns e complicadas (Oudhia, 2008). Durante o inquérito, observou-se que a geração mais jovem tem menos conhecimento destas variedades de arroz medicinal do que as gerações mais velhas, pelo que há uma grande necessidade de documentar esta informação valiosa sobre os valores medicinais das variedades tradicionais de arroz na região (Shakeelur Rahaman *et al.*, 2006). Os choupos de arroz medicinal Alcha, Laicha, Baissour, Maharaji, Jhilli, Kanthi Banko, Udan Pakheru, Ramkeli, Shyam Lal, Tenduphool, etc. continuam a ser cultivados e utilizados na cura tradicional (Oudhia, 2000). Algumas das cultivares divergentes de arroz medicinal tradicional estão listadas no Quadro 5.2.

5.4.1. Rejuvenescimento interno

A proteína do arroz, que constitui até oito por cento do grão, tem um benefício especial, uma vez que contém oito dos aminoácidos essenciais em proporções delicadamente equilibradas. Ocorre um rejuvenescimento interno completo quando a proteína do arroz é metabolizada em aminoácidos benéficos para a saúde. Estes aminoácidos constroem músculos resistentes que voltam à sua forma original depois de esticados e dobrados, pele e cabelo saudáveis, visão mais clara e nutrem o coração e os pulmões, os tendões e os ligamentos, o cérebro, o sistema nervoso e a rede glandular.

As vitaminas do complexo B, especialmente a tiamina, a riboflavina e a niacina oferecidas pelo arroz integral natural promovem a energia jovem e a nutrição da pele e dos vasos sanguíneos. A abundância de minerais no arroz integral natural ajuda a nutrir o sistema hormonal, a curar feridas e a regular a tensão arterial. O arroz também fornece ferro para enriquecer a corrente sanguínea e fósforo e potássio para manter o equilíbrio hídrico interno, juntamente com outros nutrientes. O arroz ajuda assim a restaurar a harmonia interna.

5.4.2. Icterícia

A variedade *Bora* de Assam é utilizada para doentes com iterícia e a sua água rica em amido é também administrada a doentes muito fracos (Rahaman *et al.*, 2006). Uma vez que a iterícia afecta o fígado e, como sabemos, o fígado produz enzimas biliares para a digestão de vários alimentos.

Sobretudo as gorduras. Na iterícia, a produção de bílis é perturbada. Na sequência de uma digestão incorrecta dos alimentos (sobretudo das gorduras). Por isso, recomenda-se não ingerir produtos alimentares ricos em gordura, alimentos processados, carne vermelha, etc. Como o arroz é um alimento básico e comum, é a melhor opção para os doentes com iterícia.

5.4.3. Tensão arterial elevada

O arroz tem um baixo teor de gordura, de colesterol e de sal. É uma dieta perfeita para os hipertensos a quem foram aconselhadas dietas com restrição de sal. Os investigadores modernos constataram que, sempre que o arroz é utilizado como alimento principal, há um benefício correspondente de vitalidade jovem e uma taxa muito baixa de hipertensão. O cálcio contido no arroz integral, em particular, acalma e relaxa o sistema nervoso e ajuda a aliviar os sintomas da tensão arterial elevada.

5.4.4. Equilíbrio corporal

A dieta de arroz, em combinação com o leite, cria um equilíbrio maravilhoso no corpo. Neste regime, o arroz integral natural é utilizado como o único alimento sólido ao longo do dia. O leite fresco é tomado com cada uma das refeições de arroz. O arroz pode ser cozinhado de qualquer maneira, mas não deve ser usado sal. O leite deve estar confortavelmente fresco. Os nutrientes do arroz formam um equilíbrio único com os do leite. Os dois aminoácidos notáveis, a isoleucina e a lisina, presentes no leite, são grandemente reforçados pela proteína do arroz, permitindo-lhes assim formar blocos de construção corporal mais fortes: O ácido lático natural do leite trabalha com a proteína do arroz para ajudar na absorção do ferro.

5.4.5. Perturbações do sistema digestivo

O arroz tem um teor muito baixo de fibras e, por isso, é extremamente calmante para o sistema digestivo, o que faz do arroz um alimento ideal para as perturbações do sistema digestivo. Uma papa espessa de arroz misturada com um copo cheio de leite de manteiga e uma banana bem madura, administrada duas vezes por dia, é uma dieta muito nutritiva na febre tifoide, úlcera gástrica, cancro do estômago e do intestino, colite, diarreia, disenteria, hemorróidas, fissuras rectais, indigestão, em doenças febris agudas relacionadas com a febre, hepatite ou inflamação do fígado, iterícia, enjoos matinais, dilatação aguda do estômago, ardor e indigestão devido a hérnia de hiato, acumulação excessiva de gases nos intestinos e todas as doenças em que a dieta ligeira e leve é indicada.

5.4.6. Doenças gástricas

A água filtrada do arroz *Gudna*, embebida em água durante a noite, é dada ao paciente que sofre de doenças gástricas durante três dias (Shakeelur Rahaman *et al.*, 2006). A variedade *Dani Gora* é utilizada como urso de arroz tradicional e também é eficaz em problemas gástricos.

O arroz é um hidrato de carbono complexo que fornece glicose, a principal fonte de energia do organismo. Embora todos os cereais integrais forneçam grandes quantidades de nutrientes e fibras, o arroz é o único cereal que não estimula a produção de gases no trato digestivo. Se alguém tem tendência para gases, dores de gases ou inchaço, substitua os outros cereais por arroz integral, basmati ou selvagem. Se todos os alimentos ricos em fibras agravarem os sintomas, como a diarreia ou as cólicas associadas a doenças inflamatórias intestinais, volte a utilizar arroz branco instantâneo ou bem cozinhado e aumente gradualmente a ingestão de fibras, misturando pequenas quantidades de arroz rico em fibras, para que o organismo se possa adaptar a uma maior ingestão de fibras.

O Garib-Sal foi outrora cultivado em Bengala Ocidental e foi recomendado como dieta para pacientes com infecções gastrointestinais e a presença de prata no arroz pode ter tido um efeito terapêutico ao matar micróbios patogénicos no intestino humano.

5.4.7. Diarreia em crianças

O arroz é útil no tratamento da diarreia nas crianças. Uma colher de chá de pó de arroz parboilizado carbonizado misturado com um copo cheio de leitelho deve ser dado em doses de uma onça de meia em meia hora nesta condição. Isto trará excelentes resultados.

5.4.8. Paralisia

A variedade *Karhani* é famosa do ponto de vista medicinal tanto em Chhattisgarh como em Jharkhand (Shakeelur Rahaman *et al*, 2006). As comunidades tribais de Jharkhand utilizam tradicionalmente esta variedade para fazer urso de arroz, localmente designado por *Handia*. A variedade é também utilizada como tónico, na epilepsia e no fabrico de fuligem. A variedade *Karhaini* é utilizada para curar a paralisia em Chhattisgarh (Das e Oudhia, 2000).

5.4.9. Inflamação da pele

O arroz pode também ser utilizado externamente sob a forma de pó ou cataplasma. A farinha de arroz, polvilhada sobre a superfície, tem um efeito muito refrescante e calmante na varíola, no sarampo, no calor espinhoso e noutras afecções inflamatórias da pele, incluindo queimaduras e escaldões. Alivia o calor e a irritação. O pó de arroz deve ser utilizado logo após a ocorrência da lesão em caso de queimaduras e escaldões e deve ser polvilhado em toda a superfície afetada.

De acordo com o relatório do inquérito de Shakeelur Rahaman *et al.* (2006), em Chhattisgarh, a variedade *Layacha* é efetivamente utilizada para curar o furúnculo causado no bisturi da criança recém-nascida. A mãe da criança come arroz cozinhado da variedade, útil para curar o furúnculo da criança que consome leite materno. Os grãos cozidos da variedade *Layacha* são úteis para as mulheres grávidas para evitar que os fetos contraiam a doença de *Laicha* (infeção cutânea). A variedade de arroz medicinal "Laicha" foi assim designada devido à sua propriedade única de prevenir a doença de Laicha (Das e Oudhia, 2000).

5.4.10. Njavara - Uma cultivar de arroz medicinal tradicionalmente útil de Kerala

É tradicionalmente utilizado pelos médicos ayurvédicos de Kerala para o tratamento de reumatismo, artrite, problemas neurológicos e para o relaxamento e rejuvenescimento dos músculos fracos de pessoas idosas. A Njavara é utilizada como dieta suplementar para pessoas com peso a menos ou consumida como bebida reconstituinte denominada "karkada kanjhi" durante a estação das monções, juntamente com alguns medicamentos à base de plantas. O óleo preparado a partir desta variedade é utilizado para uma vasta gama de doenças como dores, inflamações dolorosas, espondilite, dores lombares, etc. Mas a utilização mais significativa é a bolsa medicinal chamada "njavarakizi", feita com este arroz depois de o cozer numa decocção de leite da erva medicinal *Sida cordifolia*. Aplica-se como uma massagem em todo o corpo, mergulhando a bolsa repetidamente na decocção. As propriedades medicinais e nutritivas do 'Njavara' receberam recentemente um amplo reconhecimento e chamaram a atenção de alguns sectores empresariais para a sua exploração comercial (Mohanti *et al.*,2012).

5.4.11. Chakhao Poireiton de Manipur

Manipur é famosa pelo arroz preto chamado "Chakhao Poireiton", uma variedade altamente nutritiva com elevado teor de minerais, incluindo ferro e aminoácidos, e o que é mais surpreendente é a sua capacidade de combate ao cancro. O arroz preto contém o antioxidante antorcianina, o mesmo composto anti-cancro que se encontra nos mirtilos.

O arroz preto perfumado (Chakhao) de Manipur, um Estado do nordeste da Índia, tem a sua importância por ser perfumado e de cor púrpura escura, sendo utilizado como iguaria em festas comunitárias e cerimoniais. Trata-se de um dos pratos mais apreciados, que serve de sobremesa, flocos, pão, bolos, bebidas e um petisco especial "Utong Chak", preparado em varas de bambu. O arroz preto perfumado (Chakhao) de Manipur também tem sido utilizado pelos médicos tradicionais. É vendido nos mercados locais a um preço superior. As cultivares de arroz preto perfumado de Manipur são pouco produtivas e só se encontram neste Estado da Índia, sendo pouco conhecidas em todas as regiões indianas. Existe uma enorme procura no mercado interno, com possibilidades de exportação, mas os agricultores de Manipur estão a negligenciar o cultivo destas cultivares, uma vez que são de baixo rendimento.

Quadro 5.2. Cultivares indígenas de arroz com importância medicinal

Rice cultivars	Medicinal uses	References
Karanga	Cooked grains are useful for dysenteric patient. *Karanga* rice paste kept in between banana leaves and cooked in steam is also given to the dysenteric patient.	Shakeelur Rahaman *et al.*, 2006
Jonga-Sirhatti	*Jonga-Sirhatti* is given to increase lactation and provide more nutrition to the child.	Shakeelur Rahaman *et al.*, 2006
Bora	Cooked rice water (starchy water) is given to the patient suffering from jaundice, 2-3 times daily for a week.	Shakeelur Rahaman *et al.*, 2006
Danwar	*Dhanwar* is given to pregnant cow for safe pregnancy, healthy calf and easily removal of placenta.	Shakeelur Rahaman *et al.*, 2006
Karhani	Cooked rice is useful in breathing problems and epilepsy. It is used in irritation during urine discharge, yellow urine colour and also used as a tonic. The tribal people use this variety to make traditional drink, *Handia*. *Handia* is given to the patient one glass every morning in an empty stomach. Ingredients including seven medicinal plants, cumulatively called *Ranu* are mixed with *Karhani* rice for the preparation of *Handia*. It is also used as *Kajal* (lamp black/soot). *Kajal* made from burnt grains ash, mixed with pure ghee and applied on eyelashes is said be effective in cataract.	Shakeelur Rahaman *et al.*, 2006
Kalabhat, Parmai Sal, Navara, Norungan	Contains high amount of iron and were given to women to cure anaemia during pregnancy	--

Layacha	Cooked rice given to the lactating mother to cure boil caused on the scalpel of the newly born child.	Shakeelur Rahaman *et al.*, 2006; Mohanti *et al.*, 2012; Siddiq, 2002
Gudna	The variety is useful for chronic gastric patient.	Shakeelur Rahaman *et al.*, 2006
Pakheru, Saraiphool, Karia Gora, Dani Gora, Punai Gora	These all varieties are given to weak person.	Shakeelur Rahaman *et al.*, 2006
Njavara and Gathuran	Used in the treatment of arthritis	Mohanti *et al.*, 2012; Siddiq, 2002
Kalama, Pundarika, Panduka, Sugandhalaka, Kardamaka, Maetunaka, Mahasali	Have different medicinal properties	Mohanti *et al.*, 2012; Siddiq, 2002
Aalcha	Use for the treatment of pimples	Mohanti *et al.*, 2012
Maharaji	Gives strength and stamina to ladies immediately after delivery	Mohanti *et al.*, 2012
Baisoor	Use for treatment of epilepsy Used for the treatment of headache and boils in different regions of Chhattisgarh It is also used for skin diseases, ringworm infection, itching and conjunctivitis, and as a face pack with neem leaves	Mohanti *et al.*, 2012
Njavara	It is a unique land race with great antiquity, valued for its medicinal properties (detail use of this cultivar has been given in Section 5.4.10	Mohanti *et al.*, 2012
Jaathi Suggi, Jeeraka Chembavu, Karutha Chembavu,	Have different medicinal uses	Mohanti *et al.*, 2012

Kamaal, Kolaran, Naron, Nalla Chennellu, Vadakkan and Vatten		
Karikalavi and Karigajavile	Are specially fed to lactating mothers and this is a routine practice in rural areas of these districts.	Hanamaratti *et al.*, 2008
Rohas Panjar and Kadam	Medicinal properties	The Hindu, dated 13.07.2016
Garib-Sal	Containing silver and healing properties	http://indianexpress.com/article/india/india-news-india/debal-deb-indias-rice-warrior-finds-rice-species-containing-medicinal-properties-2756734/; dated 30.07.2017
Gathuan	Grain is useful in treatment of rheumatism	Das and Oudhia (2001)
Alcha	Cooked grains are useful for lactating woman to cure small boils of infants	Das and Oudhia (2001)
Laicha	Cookedgrains are useful for pregnant woman to prevent unborn from 'Laicha' disease (skin infection)	Das and Oudhia (2001)
Karhani	Useful in case of paralysis	Das and Oudhia (2001)
Maharaji	As atonic for woman after delivery	Das and Oudhia (2001)
Baisoor	In case of headache; hemicrania and epilepsy, inhalation of fumes of rice bran is useful	Das and Oudhia (2001)
Nagkesar	Useful for p\!fSOns troubled with lung diseases	Das and Oudhia (2001)
Shejri	For early removal of placenta, it is given with linseed seeds and Gur to cows after delivery	Das and Oudhia (2001)
Resairi	Rice water is useful as a tonic for cattles. Puffed rice mixed with bark of Saccharum spontaneum plant is useful in chronic cough	Das and Oudhia (2001)
Kalimoonch	Whole plant extract is useful for external application in caSe of skin troubles	Das and Oudhia (2001)

5.5. DADOS NUTRICIONAIS DO ARROZ

O arroz é um alimento básico para a maioria da população mundial. O arroz é muito nutritivo. Este importante hidrato de carbono é o alimento de base para mais de dois terços da população mundial, que depende dos benefícios nutricionais do arroz. Alguns dos usos nutricionais das cultivares tradicionais de arroz também são apresentados no Quadro 5.2.

5.5.1. Excelente fonte de hidratos de carbono

O arroz é uma óptima fonte de hidratos de carbono complexos, que é uma fonte importante do combustível de que o nosso corpo necessita. Uma porção de 100 g de arroz branco de grão médio, ou cerca de 1/2 chávena, contém 28,6 g de hidratos de carbono, enquanto a mesma quantidade de arroz integral fornece 23,5 g [http://www.livestrong.com/article/517584-carbohydrates-in-rice- vs-potatoes/].

O papel dos hidratos de carbono é fornecer energia, uma vez que são a principal fonte de combustível do organismo, necessária para a atividade física, o funcionamento do cérebro e o funcionamento dos órgãos. Todas as células e tecidos do corpo necessitam de hidratos de carbono, sendo também importantes para a saúde intestinal e para a eliminação de resíduos. No corpo, os hidratos de carbono são facilmente convertidos em combustível.

O sistema digestivo transforma os hidratos de carbono em glucose, também conhecida como açúcar no sangue. Parte da glucose é utilizada para obter energia e o resto é armazenado no fígado e nos músculos para utilização posterior. À medida que o açúcar no sangue aumenta, o pâncreas bombeia cada vez mais insulina, uma hormona que diz às células para absorverem a glicose para energia ou armazenamento. À medida que as células absorvem a glicose, os níveis de açúcar no sangue começam a baixar, o que faz com que o pâncreas comece a produzir glucagon, uma hormona que diz ao fígado para libertar a glicose armazenada.

5.5.2. Boa fonte de energia

Os hidratos de carbono são decompostos em glucose, a maior parte da qual é utilizada como energia para o exercício físico e como combustível essencial para o cérebro. De acordo com os agricultores idosos e experientes da cintura tribal de Chhattisgarh e Jharkhand, as variedades de arroz vermelho como *Bhama Danigora, Karhani, Kalamdani, Ramdi, Muru, Hindmauri* e *Punaigora* são mais nutritivas, após um consumo único podem trabalhar no seu campo durante todo o dia sem sentirem fome. Também consideram que a água amilácea do arroz cozinhado (localmente chamada *Mar*) das variedades de arroz vermelho é muito útil. De acordo com as suas experiências, a água com amido é muito útil para os manter frescos e com energia. Mesmo eles não sentem sede durante muito tempo durante o seu trabalho físico duro (Shakeelur Rahman *et al*., 2006). A variedade *Bora* de Assam é utilizada para doentes com iterícia e a sua água rica em amido é também administrada a doentes muito fracos (Shakeelur Rahaman *et al*., 2006).

O arroz cru da variedade *Danwar* de Chhattisgarh é dado às vacas prenhes para que a gravidez seja segura, o vitelo saudável e a placenta seja facilmente removida. As plantas verdes da variedade também são dadas ao gado para o mesmo efeito (Shakeelur Rahaman *et al*., 2006).

De acordo com as conclusões de Shakeelur Rahaman *et al*. (2006), *Jonga-*

Sirhati, uma variedade única de Bihar, cresce numa mesma planta com duas cores diferentes. A cor da variedade *Jonga* é comparativamente mais profunda do que a da variedade *Sirhati*. A variedade encontra-se em perigo de extinção devido ao seu rendimento muito baixo e ao grão grosseiro. Tradicionalmente, esta variedade é oferecida às mães lactantes. Acredita-se que o Laddoo feito de arroz torrado misturado com açúcar, comido pela mãe lactante, ajuda a produzir leite e fornece mais nutrição à criança que está a amamentar. A variedade *Maharaji* de Chhattisgarh é utilizada para o mesmo efeito (Das e Oudhia, 2000). Uma outra variedade, *Bhejri* de Chhattisgarh, também é dada às mães lactantes.

Algumas raças terrestres recolhidas são conhecidas pelas suas propriedades medicinais, nomeadamente Chitiga, Honasu, Karikalavi, Karigajavile e Karibhatta (Hanamaratti *et al*., 2008). A Karikalavi e a Karigajavile colhidas nos distritos de Bidar e Belgaum, respetivamente, são especialmente dadas como alimento às mães lactantes e esta é uma prática de rotina nas zonas rurais destes distritos.

As variedades *Pakheru, Saraiphool, Karia Gora, Dani Gora* e *Punai Gora* são tradicionalmente utilizadas como tónico (Shakeelur Rahaman *et al*., 2006). O arroz cozido juntamente com a sua água rica em amido e uma pitada de sal é dado a uma pessoa fraca.

5.5.3. Baixo teor de gordura, baixo teor de sal e sem colesterol

O arroz é saudável pelo que não contém. O arroz não tem gordura, não tem colesterol e não tem sódio. O arroz é um excelente alimento para incluir numa dieta equilibrada.

5.5.4. Uma boa fonte de vitaminas

O arroz é uma boa fonte de vitaminas como a tiamina, a niacina, a riboflavina e a vitamina D. A mesma porção de arroz fornece 7% do ácido pantoténico; 3% da tiamina, da niacina e da vitamina B-6; e 2% da riboflavina que o Food and Nutrition Board

do Instituto de Medicina aconselha os adultos a consumir diariamente. Estas cinco vitaminas são vitaminas do complexo B solúveis em água que desempenham papéis vitais na saúde da pele e da visão, na formação de hormonas e de glóbulos vermelhos, no sistema nervoso central e na função metabólica. O arroz branco glutinoso também contém vestígios de outras vitaminas.

O grupo do complexo B desempenha vários papéis na capacidade do corpo de produzir energia. O arroz selvagem, branco e castanho contêm quantidades variáveis de vitaminas B1 a B6.A vitamina B12 não se encontra no arroz, uma vez que é produzida apenas por fontes alimentares animais. O arroz integral de grão longo contém maiores quantidades de vitaminas B do que o arroz selvagem ou o arroz branco que não foi enriquecido.

A vitamina E encontra-se no arroz selvagem, branco e castanho. O arroz selvagem, com os seus 0,39 mg de vitamina E por chávena cozinhada, contém mais de seis vezes a quantidade encontrada no arroz branco ou castanho, de acordo com a Base de Dados Nacional de Nutrientes do Departamento de Agricultura dos Estados Unidos (USDA). A vitamina E é um antioxidante que protege o organismo dos danos causados pela presença de moléculas instáveis ou radicais livres. A vitamina E é ativa na prevenção da destruição das membranas celulares e dos tecidos lipossolúveis do organismo.

A vitamina K desempenha um papel no crescimento dos ossos e na coagulação do sangue, ajudando no transporte de cálcio pelo corpo. A Universidade de Ciências Médicas e Domésticas (Basseterre, São Cristóvão, nas Caraíbas) refere que a capacidade da vitamina K para ajudar a formar coágulos sanguíneos tem sido utilizada pelos médicos no tratamento de overdoses do medicamento para diluir o sangue, a varfarina. A vitamina K é mais prevalente nos vegetais de folhas verdes, mas algumas formas de arroz também contêm vitamina K. O arroz integral de grão longo fornece a maior quantidade de vitamina K, com 1,2 pg por chávena de arroz cozido, enquanto o arroz selvagem fornece cerca de dois terços da quantidade. O arroz branco, a menos que tenha sido enriquecido, não contém vitamina K.

5.5.5. Sem glúten

O arroz não contém glúten. Todo o arroz é isento de glúten, o que faz do arroz a escolha essencial para pessoas com necessidades dietéticas sem glúten. O glúten é uma família de proteínas. A maioria das pessoas tolera o glúten. No entanto, pode causar problemas a pessoas com determinadas condições de saúde. Estas incluem a doença celíaca, a sensibilidade ao glúten, a alergia ao trigo e algumas outras doenças (Sapone *et al.*, 2012; Lundin e Sollid, 2014). A doença celíaca (ou doença celíaca) é a forma mais grave de intolerância ao glúten. Afecta cerca de 0,7-1% da população (Rubio-Tapia *et al.*, 2012). É um distúrbio autoimune e envolve o tratamento do glúten pelo organismo como um invasor estranho. O sistema imunitário ataca o glúten, bem como o revestimento do intestino (Castillo *et al.*, 2015). Isso danifica a parede intestinal e pode causar deficiência de nutrientes, anemia, problemas digestivos graves e aumento do risco de muitas doenças (Nadhem *et al.*, 2015). Os sintomas mais comuns da doença celíaca são desconforto digestivo, danos nos tecidos do intestino delgado, inchaço, diarreia, obstipação, dores de cabeça, cansaço, erupções cutâneas, depressão, perda de peso e fezes com mau cheiro (Gujral *et al.*, 2012, Rubio-Tapia *et al.*, 2013).

5.5.6. Sem aditivos e conservantes

O arroz não contém aditivos nem conservantes durante o armazenamento e o transporte, o que o torna uma excelente inclusão numa dieta saudável e equilibrada.

5.5.7. Contém amido resistente

O arroz também contém amido resistente (RS), que é o amido que chega ao intestino sem ser digerido. Este facto incentiva o crescimento de bactérias benéficas, mantendo o intestino saudável. O amido resistente é um tipo de amido que não é totalmente decomposto e absorvido, mas sim transformado em ácidos gordos de cadeia curta pelas bactérias intestinais. Este facto pode conduzir a alguns benefícios únicos para a saúde.

Todos os amidos são compostos por dois tipos de polissacáridos: a amilose e a amilopectina. **A amilopectina** é altamente ramificada, deixando mais superfície disponível para a digestão. É decomposta rapidamente, o que significa que produz um maior aumento do açúcar no sangue (glucose) e, subsequentemente, um grande aumento da insulina. **A amilose** é uma cadeia reta, o que limita a quantidade de área de superfície exposta para digestão. Esta caraterística predomina nos RS. Os alimentos ricos em amilose são digeridos mais lentamente. É menos provável que aumentem a glucose ou a insulina no sangue.

No entanto, o RS continua a desempenhar um papel importante na nossa alimentação, apesar de não o absorvermos necessariamente. Quando o RS é fermentado no intestino grosso, são produzidos ácidos gordos de cadeia curta (AGCC), como o acetato, butirato e propionato, juntamente com gases. Os AGCC podem ser absorvidos pelo organismo a partir do cólon ou permanecer no local e ser utilizados pelas bactérias do cólon como fonte de energia. As evidências sugerem que os AGCC podem beneficiar-nos de muitas formas, tais como estimular o fluxo sanguíneo para o cólon, aumentar a circulação de nutrientes, inibir o crescimento de bactérias patogénicas, ajudar-nos a absorver minerais, ajudar a evitar a absorção de compostos tóxicos/carcinogénicos, etc.

5.5.8. Prevenção do cancro e regime alimentar

Os cereais integrais (como o arroz integral) contêm quantidades elevadas de fibra insolúvel - o tipo de fibra que alguns cientistas acreditam poder ajudar a proteger contra uma variedade de cancros. O arroz preto contém uma quantidade relativamente elevada de antocianina (principalmente cianidina-3-O-glucósido e peonidina 3-O-glucósido) na camada do pericarpo, que lhe confere a cor púrpura escura (Ryu *et al.*, 1998; Takashi *et al.*, 2001; Kristamtini *et al.*, 2012). As antocianinas são conhecidas pelas suas propriedades bioactivas e reconhecidas como substâncias benéficas para a saúde devido às suas actividades antioxidantes, anti-inflamatórias, anticancerígenas, antiaterogénicas e efeitos anti-hipoglicémicos (Wang e Stoner, 2008). O arroz preto tem baixo teor de açúcar, mas está repleto de fibras saudáveis e de compostos vegetais que combatem as doenças cardíacas e o cancro, segundo os cientistas (Sutharut e Sudarat, 2012). Quando o arroz é transformado, os moinhos removem as camadas exteriores dos grãos para produzir arroz integral ou arroz branco mais refinado, o tipo mais consumido no Ocidente. Diz-se que o arroz integral é mais nutritivo porque tem níveis mais elevados de compostos saudáveis de vitamina E e antioxidantes. Mas as variedades de arroz de cor preta ou roxa são ainda mais saudáveis. Alguns cientistas afirmam que o arroz preto é o novo arroz que combate o cancro (http://www.dailymail.co.uk/health/article-1306356/Black-rice-new-cancer-fightingsuperfood-claim-scientists.html#ixzz3YKu9R4lg). A investigação sugere que os antioxidantes das plantas escuras, que absorvem as moléculas nocivas, podem ajudar a proteger as artérias e a prevenir os danos no ADN que conduzem ao cancro. O arroz colorido tem um papel importante na redução do risco de cancro e de outras doenças crónicas devido às suas capacidades de eliminação de radicais livres (Wang e Stoner, 2008; Shih *et al.*, 2007; Elisia *et al.*, 2007; Elisia e Kitts, 2008).

5.5.9. Alimentos com baixo teor de sódio

O arroz é um alimento com baixo teor de sódio para as pessoas com hipertensão. O sódio é um mineral encontrado naturalmente nos alimentos e também adicionado aos alimentos. A maioria das pessoas consome muito mais sódio (sal) do que necessita. Isto pode levar a problemas de saúde como a tensão arterial elevada. O sódio desempenha um papel importante na manutenção do equilíbrio normal de fluidos no corpo. É importante seguir uma dieta com baixo teor de sódio para controlar os sintomas da insuficiência cardíaca e prevenir futuros problemas cardíacos.

Ao limitar o sódio, todos podem ajudar a diminuir o risco de desenvolver hipertensão, doenças cardiovasculares, insuficiência cardíaca congestiva e doença renal crónica. As pessoas com uma saúde normal necessitam apenas de uma pequena quantidade de sódio para manter o equilíbrio dos fluidos e transmitir os impulsos nervosos no nosso corpo.

5.5.10. Fonte de proteínas de qualidade

O teor de proteínas do grão é um componente importante que determina o valor nutricional do arroz. É uma boa fonte de proteínas que contém os oito aminoácidos. As conclusões de Han *et al.* (2015) sugerem que a proteína do farelo de arroz parece ser uma fonte de proteína promissora com bons valores biológicos e digestibilidade. A Rami Gali, uma variedade tradicional de arroz, tem um elevado teor de proteínas (disse o Sr. Vishnuvardhan Rao ao The Hindi, de 13.07.2016).

5.5.11. Classificação do arroz com base na cor do pericarpo

De acordo com a cor do pericarpo, o arroz pode ser classificado em arroz preto (roxo), vermelho e branco.

5.5.11.1. Arroz de cor

A preocupação quotidiana com os efeitos secundários dos antioxidantes sintéticos, como o hidroxianisol butilado e o hidroxitolueno butilado (Razali *et al.*, 1997; Tsuda *et al.*, 1998), aumentou o interesse dos investigadores e nutricionistas na exploração de antioxidantes de fontes naturais, que são económica e fisiologicamente justificados. Foi validado pelos investigadores que a alteração dos hábitos alimentares de alimentos processados artificialmente para alimentos naturais com elevado teor de componentes bioactivos, incluindo antioxidantes como tocoferóis, tocotrienóis, orizenóis, polifenóis, flavonóides, vitamina C, desempenha um papel importante na defesa do organismo contra o ataque de doenças crónicas.

As variedades de arroz pigmentado, para além de terem um sabor e odor agradáveis, estão também associadas a numerosos benefícios para a saúde. O arroz pigmentado possui compostos pigmentados, como a cianidina-3-O-P-D-glucopiranosídeo em abundância (Ryu *et al.*, 1998), que está associada a diversas propriedades funcionais, como a proteção contra a citotoxicidade (Chen *et al.*, 2005), atividade anti-neurodegenerativa (Kim *et al.*, 2008), inibição da fosforilase do glicogénio (Jakobs *et al.*, 2006), e atividade antioxidante e de limpeza superior à do arroz branco e das variedades híbridas de arroz (Oki *et al.*, 2005).

Foi relatado que as variedades de arroz colorido possuem propriedades antioxidantes (Zhang *et al.*, 2005) e são consideradas mais nutritivas, sendo ricas em ferro (Fe), zinco (Zn) e minerais.

5.5.11.2. Arroz preto

O arroz preto tem um elevado teor de antocianina localizado nas camadas do pericarpo, o que lhe confere uma cor púrpura escura (Ryu *et al.*, 1998; Takashi *et al.*, 2001). A procura de vários tipos de arroz especial está a aumentar nos últimos anos, sendo vendido por um preço até 50% superior ao das cultivares de arroz tradicionais (Chaudhary, 2003). O arroz preto tem sido utilizado em várias medicinas tradicionais; recentemente, muitos investigadores relataram que tem vários benefícios para a saúde em vários estudos e, por isso, o arroz preto está a ser considerado como o novo superalimento pelos cientistas americanos. Nos países asiáticos, o arroz preto é frequentemente consumido depois de misturado com arroz branco para realçar o sabor, a cor e o valor nutricional, que inclui um elevado teor de proteínas, aminoácidos essenciais totais, vitamina B1 e minerais Fe, Zn, Mn e P, e é intensamente colorido devido à antocianina (Yang *et al.*, 2008).

Uma porção de arroz preto, apesar de conter algumas calorias, oferece uma elevada quantidade de fitonutrientes flavonóides, fibras importantes, conteúdo mineral como o ferro e o cobre, e é uma boa fonte de proteína vegetal, que é difícil de obter para os consumidores que dependem de cereais e leguminosas para obter proteínas (Suzuki *et al.*, 2004). O arroz preto é rico em antocianina antioxidante (Axe, 2015; Wolf, 2015). Uma colher de farelo de arroz preto fornece a mesma quantidade ou mais de antocianina do que uma colher de mirtilos (Xu, 2010). Os antioxidantes antocianinas são muito importantes na prevenção de doenças cardiovasculares, na proteção contra o cancro, na melhoria da função cerebral, na redução da inflamação, etc. (Park *et al.*, 2008).

5.5.11.3. Arroz vermelho/castanho

Devido aos vários impactos promotores de saúde associados às antocianinas, tais como efeitos anti-oxidativos, anti-inflamatórios e anti-carcinogénicos (Shipp e Abdel-Aal, 2010), o arroz colorido é considerado um alimento funcional e um ingrediente alimentar em muitos países asiáticos (Kim *et al.*, 2008). As propriedades funcionais das antocianinas nas variedades de arroz vermelho e preto foram verificadas em numerosos casos nutricionais (Hou *et al.*, 2010).

Recomenda-se aos doentes diabéticos que incluam arroz integral em vez de arroz branco, que contém baixos níveis de índice glicémico. Apenas uma chávena de arroz integral por dia fornece quase 100% do valor de manganês, que ajuda a produzir energia a partir de hidratos de carbono e proteínas. O arroz integral é extremamente benéfico para o funcionamento normal do sistema nervoso e para a produção de hormonas sexuais.

Ensaios farmacológicos e clínicos com arroz vermelho demonstraram actividades antifúngicas, antibacterianas, antivirais, antidiarreicas, anti-inflamatórias, antioxidantes, antitumorais, antitiroideia e anti-hipercolesterolémicas. Também estimula a secreção de proteínas, para além de ter efeitos de eliminação de radicais (Oki *et al.*, 2005).

A cor vermelha, que varia entre o vermelho claro e o vermelho escuro, está confinada à camada de farelo. O arroz vermelho (Zag, Tel Zag, Gull Zag, Shel Kew, Kaw Quder) evita a obesidade, a diabetes e o cancro. O arroz com uma camada de farelo vermelho é designado por arroz vermelho. Susruta (400 a.C.), Charaka (700 a.C.) e Vagbhata (700 d.C.), o conhecido vriddha trayi (Trio de Anciãos) da Ayurveda, consideravam o arroz vermelho (rakta shali) o melhor entre as outras variedades de arroz, devido às suas propriedades desejáveis, uma vez que tinha o poder de corrigir o desequilíbrio do tridosha ou humores (vata, pitta e kapha - são coletivamente designados por tridosha), cujo desequilíbrio no corpo provoca vários tipos de doenças. Nos últimos tempos, o interesse pelo arroz vermelho foi reavivado devido à presença de antioxidantes. A atividade antioxidante e de limpeza do arroz vermelho é mais elevada do que a do arroz branco (Shen *e al.*, 1994).

O arroz vermelho (Raktasali) era o mais eficaz no controlo dos humores alterados (Kumar, 1988). Era considerado um bom tratamento para febres e úlceras, melhorava a visão, melhorava a voz, melhorava o sémen, era diurético, espermatofítico, refrigerante, cosmético e tónico e era antitóxico.

Capítulo 6

ARROZ AROMÁTICO LOCAL

6.1. INTRODUÇÃO

O arroz é um importante fornecedor de alimentos para a população mundial. O arroz perfumado indiano, "*Basmati*", tem dominado o mercado nacional e internacional no que respeita ao aroma. O arroz aromático é um produto de base importante em todo o mundo e tem um preço superior ao das variedades não aromáticas. A maior parte do comércio de arroz aromático provém da Índia, do Paquistão e da Tailândia. O bilhao de arroz aromático da Índia e do Paquistão é constituído por arroz Basmati, enquanto a Tailândia é o fornecedor de arroz Jasmine. O subcontinente indiano tem o *dom natural* do arroz Basmati, que foi aceite como o grão mais perfumado, longo e fino nos mercados mundiais e obtém um preço elevado. Para além do Basmati, são cultivadas tradicionalmente muitas variedades autóctones locais, que se distinguem pelo aroma, qualidade do grão e qualidade culinária. A maior parte destes genótipos são de grão curto e arrojado a médio e, por conseguinte, não são comercializados no mercado internacional. No entanto, no mercado nacional, a sua procura é superior à do arroz Basmati. Estes são utilizados principalmente em preparações especiais, como o *Khir* em Bengala.

O arroz Basmati tem origem em **Vasumati**, que significa terra reconhecida pela sua fragrância. A exposição completa da palavra vem do hindi. **Bas é** originário de **Prakrit Vas**, que tem uma raiz sânscrita - **Vasay** significa aroma; e **mati** de may up, que significa enraizado desde a origem. O uso comum mudou **Vas** para **Bas**, juntando bas e mayup, este último mudou para mati. Foi assim que surgiu a palavra Basmati. De acordo com a **Ayurveda**, o Basmati, o rei de todas as variedades de arroz, é **saatvic** ou puro, é nutritivo para os tecidos do corpo e é fácil de digerir.

No arroz perfumado, foram identificados mais de 100 compostos (Buttery *et al.*, 1988; Grimm *et al.*, 2001). Entre estes, a ***2-acetil-1 pirrolina*** (Buttery *et al.*, 1983) é o principal composto aromático em todas as cultivares de arroz perfumado. O aroma agradável no arroz cozinhado ou não cozinhado ou no campo na altura da floração é o resultado de um grande número de compostos presentes numa proporção específica. Não se sabe muito bem como é que estes compostos diferem de um genótipo para outro.

Com a crescente procura de arroz aromático no mercado internacional, até à data foi dada grande ênfase ao melhoramento do arroz Basmati. As variedades autóctones de arroz aromático de grão pequeno e médio, que possuem um aroma, uma qualidade de grão, uma qualidade culinária e um sabor excepcionais, foram negligenciadas. Com a introdução de genótipos de arroz de elevado rendimento, as variedades autóctones que incluem a qualidade aromática estão a deixar de ser cultivadas. Um grande número de arroz aromático já se perdeu e muitos estão à beira da extinção. Por conseguinte, estes genótipos locais têm de ser recolhidos e avaliados com vista à exploração da sua variabilidade genética para o desenvolvimento de uma cultivar aromática adequada de tipo não-Basmati. Além disso, a gestão dos recursos genéticos autóctones do arroz aromático através da caraterização e documentação contribui para a proteção destes recursos biológicos únicos. O melhoramento do arroz aromático utilizando os recursos biológicos existentes não só ajudaria os agricultores a produzir grãos de melhor qualidade, como também geraria mais receitas de exportação. As variedades de arroz têm sido desenvolvidas tradicionalmente por seleção, hibridação e seleção de retrocruzamento com genótipos de elevado rendimento adoptados localmente. O número de linhas parentais é muito limitado, o que conduz a uma base genética estreita. A uniformidade genética da cultura pode ser indesejável em termos de vulnerabilidade da cultura a epidemias. Uma nova fonte importante para a introdução de novas características ou o desenvolvimento de um novo tipo de planta é a existência de um património genético geneticamente diversificado de arroz perfumado no nosso país. Foram feitos poucos esforços para utilizar as variedades autóctones locais de arroz de cheiro para o seu melhoramento.

6.2. ORIGEM E BIODIVERSIDADE DO ARROZ AROMÁTICO

Vanavichit (2007) e o seu grupo analisaram todo o germoplasma aromático representativo de diferentes ecossistemas na Tailândia, incluindo o Basmati e o Acuzena da Índia e das Filipinas, respetivamente, utilizando o *Aromarker que desenvolveram* no Rice Gene Discovery and Science Center, Universidade de Kasetsat, Kamphang Saen, Tailândia. Verificaram que todo o arroz aromático dos três grupos de isozimas partilhava a mesma deleção de 8 pb no *Os2AP* e concluíram que todos os genes aromáticos do arroz cultivado são os mesmos. Compararam os acessos de *Oryza glaberima* e *O. officilalis*, não tendo sido detectado qualquer alelo aromático. Isto significa que *O. longistamata* e *O. breviligulate*, o antepassado do *O. glaberima* cultivado em África, não foi o antepassado do gene aromático. É provável que o antepassado comum do gene aromático possa ser encontrado em *O. nivara* e *O. rufipogon*. Vanavichit e o seu grupo analisaram 120 acessos de *O. nivara* e *O. rufipogon* utilizando *Aromarker* e descobriram que muitos deles transportavam uma deleção de 8 pb de *Aromarker*. Todos os arroz selvagens portadores do alelo aromático de *Os2AP* produziram grãos aromáticos. Assim, concluíram que o antepassado comum do gene aromático pode ser encontrado em *O. rufipogon*, o antepassado perene selvagem de *O. nivara*.

A biodiversidade do arroz aromático na Índia é a maior do mundo. Um grande número de raças terrestres deste arroz encontra-se na região do Tarai dos Himalaias, no estado de Uttar Pradesh e Bihar, o que indica que esta região é a origem provável do arroz aromático. As cultivares aromáticas pertencem aos grupos I, V e VI. Apenas algumas das cultivares pertencentes ao Grupo I e ao Grupo VI são aromáticas. No entanto, a maioria das cultivares pertencentes ao grupo V são aromáticas. O centro de origem do arroz aromático do grupo V é o sopé dos Himalaias, nos estados indianos de Uttar Pradesh, Uttarakhand, Bihar e na região de Tarai, no Nepal. Muitas cultivares aromáticas ainda são cultivadas neste centro de diversidade. A partir deste centro de origem do arroz aromático espalhou-se para noroeste até ao Punjab na Índia e Paquistão, Afeganistão, Irão e Iraque. Ao mesmo tempo, espalhou-se para nordeste, para os estados indianos de Bengala Ocidental, Orissa, Assam e Manipur e para o Bangladesh e Myanmar. Muitos dos arrozes aromáticos tradicionais aceites estão agora espalhados por muitos estados da Índia, como Rajasthan, Madhya Pradesh, Maharastra e Gujrat.

6.2.1. Variedades de arroz Basmati

Existem muitas variedades de arroz Basmati na Índia. Há poucas variedades que satisfazem as normas de qualidade do verdadeiro arroz Basmati. Existem algumas outras variedades de arroz aromático cultivadas em diferentes partes da Índia que são consumidas como arroz Basmati. Estas variedades de arroz aromático são variedades cruzadas ou híbridas de arroz Basmati. O arroz aromático tradicional é classificado de acordo com o tamanho do grão (Fig. 6.1).

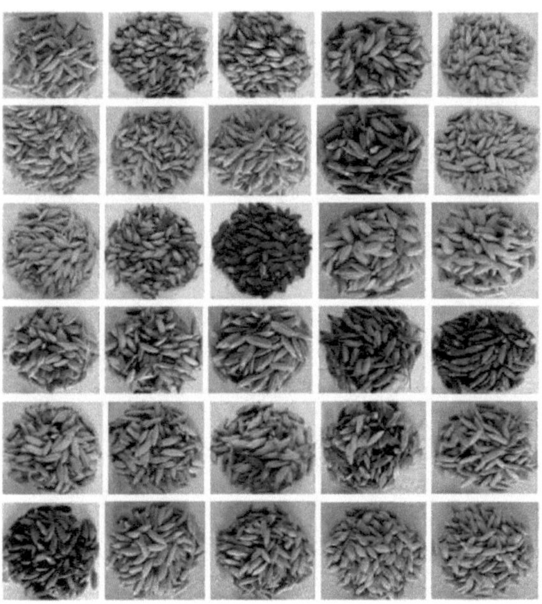

Fig. 6.1. Traditional aromatic rice cultivars and selected pure-lines.

Row 1 (left to right): Tulaipanji, Radhunipagal-1, Radhunipagal, Nunia,Mohanbhog

Row 2 (left to right): Badshabhog, Chinakamani, Chinatap, CP, Gobindobhog

Row 3 (left to right): Khasha, Kalojeera-1, Kalojeera-2, Munimannanri, Jhapaka

Row 4 (left to right): Kagaui, Kalturey, Fudugey, Kalobhog, Kalobhog-1

Row 5 (left to right): KNS-1, KNS-2, KNS-3, KNS-4, KNS-5

Row 6 (left to right): KNS-6, KNS2-1-1, KNS 3(9), MB 5-1, KN/IET4786- 6/2

6.2.1.1. *Arroz aromático de grãos pequenos*

Este grupo de arroz basmati é cultivado principalmente em Uttar Pradesh, Madhya Pradesh, Bihar, Bengala Ocidental, Assam, Manipur e Orissa. Alguns dos exemplos de arroz basmati de grãos pequenos são os seguintes

Adamchini
Badshah
Badshah Bhog
Badshah Pasand
Bengal Juhi
Bhartaphool
Bindli
Bishnubhog
Bramobhusi
Chenaur
Chhoti
Chinnawar
Chinakamani
Chinore
Deobhog
Dewatabhog
Dhania
Dubrej
Gobindobhog
Jeerabattis
Jeevan
Kalimooch
Kanak Jeera
Kanak Jeeri
Karia Kamod
Karina
Katarni

Khasha
Laungchoor
Mircha
Mohanbhog
Moongpholi
Pasand
Radhunipagal
Rambhog
Ranijawain
Sakkarchini
Sataria
Shyam
Sonalari
Thakur Bhog
Tinsukhia
Tulsibhog
Tulsi Pasand
Tulsi-Manjari
Yuvraj

6.2.1.2. *Arroz aromático de grão médio*

Os principais Estados produtores de arroz basmati de grão médio são Uttar Pradesh, Madhya Pradesh, Himachal Pradesh e Bihar. Seguem-se alguns exemplos de arroz Basmati de grãos pequenos:

Abdul
Achhu
Amod
Baharni
Begrui
Bhilahi Basmati
Champaran Basmati (Bhini)
Champaran Basmati (Kali)
Champaran Basmati (Lal)
Chatri
Gopal Bhog
Kalanamak
Kalobhog
Kalturey
Karmuhi
Kesar
Kesarparsom
Krishnabhog
Modhuri
Panarsa (local)
Sonachur
Sonachur
Tilakchandan
Tulaipanji
Vishnu Bhog
Vishnu Parag

6.2.1.3. Variedades de arroz aromático de grãos longos (arroz Basmati)

Quando falamos de arroz basmati, referimo-nos a esta categoria - grão longo e fino com aroma forte. **Os principais estados que cultivam arroz basmati de grão longo na Índia são** Uttar Pradesh, Haryana, Punjab, Himachal Pradesh, Rajasthan, Jammu e Caxemira, Mizoram, Madhya Pradesh e Bihar. Alguns dos exemplos de arroz basmati de grãos pequenos são os seguintes

Baldhar Basmati	Basmati-370	Dehradoon Basmati
Basmati (local)	Basmati-385	Duniapat Dabraj

Hansraj	Madhumati	Ranvir Basmati
Haryana Basmati-1	Mushkan	Safeda
Kalasukhdas	Nagina-12	Second Basmati
Karnal Local	Pakistani Basmati	Tapovan Basmati
Kasturi	Pusa Basmati-1	Taraori Basmati
Khalsa-7	Ranjavain (T-1)	Type-9
Lalmati	Kasturi	

6.2.1.4. Variedades aromáticas de grãos grandes

Algumas variedades aromáticas tradicionais de grão grande e arrojado estão a ser cultivadas em muitos locais para fins especiais. Por exemplo, Black Burma e Red Burma (Mandal *et al.*, 2004) estão a ser cultivadas pela comunidade birmanesa em Middle Andaman das Ilhas A & N e Chakao Poireiton em Manipur, etc.

6.3. VARIABILIDADE DO ARROZ AROMÁTICO

O repositório de arroz de Uttar Banga Krishi Viswavidyalaya tem 35 cultivares locais de arroz aromático. Foi feito um esforço para quantificar a variabilidade de 35 variedades aromáticas de agricultores. Foi observada uma variabilidade significativa elevada para todos os caracteres em estudo. Também foram feitos esforços para compreender a associação de caracteres através de análises de correlação e de caminho. Verificou-se que os genótipos eram significativamente diferentes entre si em relação a todos os caracteres estudados.

6.3.1. Classificação com base no tipo de grão

Com base na classificação de Govindaswami (1985), os grãos destas 35 cultivares locais foram classificados em quatro grupos, a *saber:* longo delgado (LS), médio delgado (MS), delgado arrojado (SB) e curto arrojado (SB). Onze cultivares locais foram classificadas como long slender, cinco FVs eram medium slender, treze eram long bold e seis cultivares locais eram short bold (Quadro 6.1). A forma do grão determina o preço de venda deste importante produto. Este carácter depende largamente do comprimento do grão, da largura e da relação L:B. O grão longo e fino influencia a aceitação do genótipo pelos consumidores no mercado.

Quadro 6.1. Classificação das FVs com base no tipo de grão, de acordo com a recomendação de Govindaswami (1985)

Classes	Name of the Farmers' Varieties	No. of cultivars
Long Slender	Tulaipanji, Jailung Lal Komal, Birohi, Kabra, Kolajoha Big, Kataribhog, A-1-1, Kalakali, Dubari Komal, Hatidat Komal, Sadanunia	11
Medium Slender	Tulsibhog, Joha Bora, Silathia Bora, Kolajoha Small, Sial Bhomra	5
Long Bold	Radhunipagal, Bora, Ghee Bora, Rampha, Jhagrikartik, Khama, Bhiganmachhuya, Laldhyapa-1, Singra, Marichsal, Kauka, Laghidhan, Ranga Komal	13
Short Bold	Khasa, Mohanbhog, Gobindobhog, Kalojeera, Badshabhog, Konkoni Joha	6

6.3.2. Classificação com base na intensidade do aroma

O subcontinente indiano possui a *dádiva natural* do arroz basmati, que foi aceite como o grão mais perfumado, longo e fino nos mercados nacional e internacional e obtém um preço superior. Para além do basmati, são cultivadas tradicionalmente muitas variedades autóctones locais que se distinguem pelo aroma, qualidade do grão e qualidade culinária. O "Tulaipanji", do distrito de Daskhin Dinajpur, em Bengala Ocidental, satisfaz igualmente a qualidade do grão, tal como o arroz Basmati.

Muitas cultivares locais têm um aroma forte, mas os seus outros caracteres de planta e/ou de grão podem não estar *ao nível* dos genótipos modernos de alto rendimento. A maioria destas cultivares locais aromáticas são pouco produtivas, por exemplo, Kalonunia, Tulaipanji (Mandal *et al.*, 2013), Kalojeera, Mohanbhog. Por outro lado, poucas cultivares aromáticas locais possuem uma capacidade de produção elevada, como Gobindobhog, Badshabhog. Estas cultivares locais podem ser cultivadas através da normalização de práticas agronómicas modernas. Em Bengala Ocidental, este arroz fortemente perfumado é geralmente utilizado na preparação de *Khir* em ocasiões especiais e também oferecido em diferentes ocasiões auspiciosas.

O germoplasma recolhido foi classificado em dois grupos com base no aroma, de acordo com as directrizes de (Allidawati, 1989; Anonymous, 2004; Lestari, 2011) (Quadro 6.2). Um número considerável de FVs aromáticas possui um aroma forte e essas cultivares também apresentam um custo elevado no mercado local. Essas cultivares podem ser padronizadas com base em práticas agronómicas modernas para melhorar o potencial de rendimento e, subsequentemente, serem popularizadas para cultivo.

As cultivares Khasa, Radhunipagul, Mohanbhog, Gobindobhog, Kalojeera, Badshahbhog, Tulsibhog, Tulaipanji, Bora, Boha Bora, Silathia Bora, Jailung Lal Komal, Ghee Bora, Birai, Kabra, Rampha, Kolajoha-big, Kolajoha-Small e Konkoni Joha foram classificadas como cultivares de aroma forte. Algumas destas cultivares locais são muito populares em Assam (Ghee Bora, Silathia Bora, Kolajoha-big e Kolajoha- Small) e em Bengala Ocidental (Gobindobhog, Badshabhog, Khasha, Tulaipanji, Kalobhog, etc.). As restantes cultivares locais foram registadas como cultivares aromáticas suaves, nomeadamente, Sial Bhomra, Jhagrikartik, Sadamunia, Kataribhog, Khama, Baigon Machhuya, A-1-1, Laldhyapa-1, Singara, Kalakali, Marichsal, Kauka, Dubari Komal, Hatidat Komal, Ronga Komal.

Tabela 6.2. Variabilidade genética das variedades de arroz colhidas pelos agricultores no que respeita ao aroma

Classes	Name of the farmers' varieties	No. of cultivars
Strong aroma	Khasa, Radhunipagul, Mohanbhog, Gobindobhog, Kalojeera, Badshahbhog, Tulsibhog, Tulaipanji, Bora, Boha Bora, Silathia Bora, Jailung Lal Komal, Ghee Bora, Birai, Kabra, Rampha, Kolajoha-big, Kolajoha-Small, Konkoni Joha	19
Mild aroma	Sial Bhomra, Jhagrikartik, Sadamunia, Kataribhog, Khama, Baigon Machhuya, A-1-1, Laldhyapa-1, Singara, Kalakali, Marichsal, Kauka, Dubari Komal, Hatidat Komal, Ronga Komal	16

6.3.3. Identificação de dadores para diferentes caracteres argonómicos

As cultivares locais que mostraram características desejáveis com base em caracteres individuais foram listadas no Quadro 6.3. A cultivar local, como Sadanunia, foi considerada superior para os caracteres importantes da planta (dias para 50% de floração, altura da planta, número de panículas por planta, tipo de grão e rendimento de grão por planta). A cultivar local Rampha foi considerada melhor para os caracteres, tais como, comprimento da panícula, peso de 100 grãos, tipo de grão e rendimento. A cultivar local - A-1-1 foi considerada superior no que respeita ao número de panículas por planta, menor percentagem de grãos friáveis por panícula, tipo de grão e rendimento por planta.

Os caracteres desejáveis mais importantes para a cultura do arroz em sistema de culturas múltiplas são os dias até 50% de floração, a altura da planta, o número de panículas por planta, o comprimento da panícula, o número de grãos cheios por panícula, a esterilidade das espiguetas, o peso de 100 grãos, o tipo de grão e, finalmente, o rendimento por planta. As cultivares locais Tulsibhog e Sadanunia mostraram precocidade na maturação do grão. Geralmente os FVs são de longa duração, mas estas duas cultivares locais foram consideradas de duração média. Sadanunia também tem alguns outros caracteres desejáveis, como altura da planta, número de panículas por planta, tipo de grão e rendimento de grão por planta.

Foi registado um elevado número de panículas por planta para Rampha, Kalakali, Khasha, Laldyapa-1, Sadanunia e A-1-1. Panículas mais longas foram observadas para as cultivares locais, nomeadamente, Marichsal, Birohi, Kolajoha Big, Rampha, Khama, Singara e Gobindobhog. As cultivares locais que mostraram maior número de grãos cheios por panícula foram Badshabhog, Mohanbhog, Sial Bhomra, Kolajoha Small, Khama, Gobindobhog e Bhiganmachhuya. Foi observada baixa esterilidade de espiguetas em Tulaipanji, A-1-1, Kamar, Mohanbhog, Silathia Bora e Radhunipagal. O maior peso de 100 grãos foi documentado para Hatidat Komal, Rampha, Dubari Komal, Laldhyapa, Ghee Bora, Joha Bora, Rongakomal e Silathia Bora. Foram registados grãos longos e delgados nas variedades Tulaipanji, Jailung Lal Komal, Birohi, Kabra, Kolajoha Big, Kataribhog, A-1-1, Kalakali, Dubari Komal, Hatidat Komal e Sadanunia.

A contribuição colectiva dos caracteres que atribuem rendimento resultou num rendimento elevado para as cultivares locais, nomeadamente, Rampha, Laldhyapa-1, A-1-1, Kauka, Kalakali, Joha Bora, Khama, Sadanunia, Hatidat Komal, Marichsal e Dubari Komal. O elevado rendimento destes genótipos foi provavelmente determinado pelo número moderado a elevado de panículas por planta, grãos por panícula e peso de 100 grãos. Para o melhoramento genético do arroz, foram identificados vários dadores promissores (quadro 6.3), que podem ser utilizados em futuros programas de melhoramento.

6.3.4. Parâmetros genéticos

As estimativas dos diferentes parâmetros genéticos, nomeadamente o coeficiente de variação genotípica (GCV), o coeficiente de variação fenotípica (PCV), a hereditariedade (H^2) e o avanço genético (GA), são apresentadas no quadro 6.4.

As estimativas do PCV foram superiores às estimativas correspondentes do GCV para todos os caracteres em consideração, o que sugere o seu envolvimento na influência da expressão destes caracteres (Quadro 6). Resultados semelhantes foram também registados por Suresh e Anbuselvam (2005), Hasib (2005), Karad e Pol (2007), Kumar e Senapati (2013). O GCV e o PCV para a espessura do grão diferiram significativamente e foram considerados mais susceptíveis a alterações ambientais do que outros caracteres. Isto está de acordo com as conclusões de Reddy *et al.* (1997a & b).

O impacto da influência ambiental na composição genética de qualquer carácter é normalmente esclarecido através do estudo do GCV e do PCV. Também revelou uma menor diferença nos valores correspondentes de GCV e PCV para todos os caracteres utilizados para estudar a associação de caracteres, exceto a espessura do grão. Isto indica um controlo marginal do ambiente na regulação destes caracteres. Ramalingam *et al.* (1994) e Borbora e Hazarika (1998) também registaram resultados semelhantes.

As estimativas de herdabilidade foram altas para dias até 50% de floração (99,00%), altura da planta (99,00%), número de panículas por planta (99,00%), comprimento da panícula (99,00%), número de grãos cheios por panícula (98,00%), peso de 100 grãos (98,00%), comprimento do grão (93,00%), respiração do grão (89,00%) e rendimento do grão (95,00%). Alta herdabilidade, juntamente com alto avanço genético para número de grãos cheios por panícula, número de panículas por planta e peso de 100 grãos também foram relatados por Tripathi *et al.* (1999), Sarkar *et al.* (2005), Suresh e Anbuselvam (2005), Karad e Pol (2007), Mulugeta *et al.* (2012), Kumar e Senapati (2013).

H^2 em sentido lato indica a extensão do controlo genético de um carácter e reflecte a eficiência da seleção para melhorar um determinado carácter. Assim, os caracteres dotados de valores elevados podem ser utilizados como critérios de seleção no melhoramento genético do rendimento de grãos. Um H^2 elevado para caracteres quantitativos é útil porque permite uma seleção eficaz com base no desempenho fenotípico. Também indica a correspondência entre o genótipo e o fenótipo. Resultados semelhantes foram também registados por Roy e Kar (1992), Ramalingam *et al.* (1994), Sarawgi e Soni (1994), Yadav (1992) e Reddy *et al.* (1997 a & b) para dias até 50% de floração e altura da planta, Sarma e Roy (1993), Sawant e Patil (1995), e

Roy *et al* 2001) para número de grãos cheios por panícula e peso de 100 grãos. Um GCV elevado associado a uma elevada hereditariedade indica a eficácia da seleção com base nestes caracteres.

Tabela 6.3. Doadores para diferentes caracteres argonómicos entre 35 cultivares locais de arroz

Character	Cultivars
Days to 50% flowering	Tulsibhog, Sadanunia
Plant height	Sadanunia, Mohanbhog, Katarybhog, Jailung Lal Komal, Bora, Jhagrikartick
No. of panicle per plant	Rampha, Kalakali, Khasha, Laldyapa-1, Sadanunia, A-1-1
Panicle length	Marichsal, Birohi, Kolajoha Big, Rampha, Khama, Singara, Gobindobhog
No. of filled grains per plant	Badshabhog, Mohanbhog, Sial Bhomra, Kolajoha Small, Khama, Gobindobhog, Bhiganmachhuya
Filled grain percentage	Mohanbhog, Silathia Bora, Radhunipagal, Kalojeera, Badshabhog, Kabra, Gobindobhog
Number of chaffy grains per panicle	A-1-1, Tulsibhog, Kalojerra, Radunipagal, Kabra, Kauka
Spikelet sterility (%)	Tulaipanji, A-1-1, Kamar, Mohanbhog, Silathia Bora, Radhunipagal
Total number of grains per panicle	Badshabhog, Mohanbhog, Sial Bhomra, Konkoni Joha, Kolajoha Small
Grain density	Badshabhog, Mohan bhog, Sial Bhomra, Kolajoha Small, Bhiganmachhuya, Silathia Bora, Joha Bora
100-grain weight	Hatidat Komal, Rampha, Dubari Komal, Laldhyapa, Ghee Bora, Joha Bora, Rongakomal, Silathia Bora
Grain length	Khama, Dubari Komal, Ranga Komal, Sial Bhomra, Kolajoha Big, Rampha
Grain breadth	Badshabhog, Tulaipanji, Tulsibhog, Kataribhog, Sadanunia, Kolajoha Small
Grain L:B ratio	Tulaipanji, Kataribhog, Jailung Lal Komal, Birohi, Kalakali, Kalojeera, Kabra, A-1-1, Dubari Komal, Hatidat Komal
Grain type (Long Slender)	Tulaipanji, Jailung Lal Komal, Birohi, Kabra, Kolajoha Big, Kataribhog, A-1-1, Kalakali, Dubari Komal, Hatidat Komal, Sadanunia
Grain yield/plant	Rampha, Laldhyapa-1, A-1-1, Kauka, Kalakali, Joha Bora, Khama, Sadanunia, Hatidat Komal, Marichsal, Dubari Komal

Foi observado alto avanço genético para número de grãos chochos por panícula (78,95), número de grãos cheios por panícula (64,76), rendimento de grãos por planta (79,32), peso de 100 grãos (57,81) e número de panículas por planta (56,53) (Tabela 6.4).

Um carácter que apresenta um elevado grau de hereditariedade atrai mais atenção para o melhoramento genético através da seleção simples. Mas para avaliar o efeito máximo da seleção, o AG é calculado simultaneamente. Johnson *et al.* (1955) e Panse (1957) opinaram que a estimativa de H^2 com a consideração simultânea dos valores de GA seria mais útil do que H^2 sozinho para prever a eficiência da seleção. Foram observados altos valores de GA juntamente com altos valores de H^2 para o número de grãos cheios por panícula, rendimento de grãos por planta, peso de 100 grãos e número de panículas por planta. Kaul e Kumar (1982), Sawant e Patil (1995) também registaram resultados semelhantes para o número de grãos de campo por panícula, peso de 100 grãos e rendimento de grãos por planta. A elevada hereditariedade associada a uma elevada GA indica a predominância da ação de genes aditivos e a seleção para estes caracteres com base no valor fenotípico resultaria em programas de melhoramento mais eficientes. As selecções simples, como as selecções massais e familiares, seriam eficazes para acumular esses genes aditivos, que podem melhorar ainda mais o seu desempenho.

6.4. GENÉTICA DO AROMA NO ARROZ AROMÁTICO

Foram publicados muitos estudos sobre o controlo genético do traço de aroma do arroz (Ahn *et al.*, 1992; Ali *et al.*, 1993; Berner e Hoff, 1986; Pinson, 1994; Raghuram Reddy e Sathyanarayanaiah, 1980; Yano *et al.*, 1992). Alguns autores concluíram que o traço é de herança monogénica, enquanto outros defendem a ideia de que dois ou três genes recessivos ou dominantes participam na construção do traço. Estudos de rácios de segregação de fragrância/não-fragrância F_2 em diferentes populações, sugerem que vários números de genes, quer dominantes quer recessivos, estão envolvidos na produção deste traço (Berner e Hoff, 1986). No entanto, foi agora estabelecido que, na maioria das variedades, um único gene recessivo é responsável pela fragrância determinada pelo nível de AP (Lorieux *et al.*, 1996).

Cientistas do Centro Nacional de Engenharia Genética e Biotecnologia (BIOTEC) e da Universidade de Kasetsart anunciaram recentemente que conseguiram isolar e patentear um grupo de genes encontrados no arroz que são responsáveis pela produção de arroz aromático (http://www.biotec.or.th). O diretor da BIOTEC, Dr. Morakot Tanticharoen, afirmou que a equipa tinha passado vários anos a estudar o genoma do arroz para isolar os genes do arroz jasmim tailandês que lhe conferiam a sua fragrância única. A sequência de genes que confere a uma planta de arroz um aroma perfumado não só é agora conhecida como também pode ser utilizada para criar qualidades aromáticas em variedades de arroz normais e não aromáticas, afirmou. Os investigadores descobriram que o arroz perfumado era o resultado de uma mutação genética, na medida em que a planta era, de facto, o resultado de genes anormais. No caso do arroz Thajasmine, oito "caracteres" genéticos não estão a funcionar.

Tabela 6.4. Variabilidade e parâmetros genéticos para diferentes caracteres em arroz

Character	Variance			GCV	PCV	h^2 (BS)	G.A. as % of mean
	Phenotypic	Genotypic	Environmental				
Plant height	235.98	235.252	0.728	10.30	10.32	0.99	21.19
Days to 50% Flowering	181.59	181.327	0.192	10.01	10.02	0.99	20.62
Number of panicles/plant	24.97	24.940	0.048	27.46	27.49	0.99	**56.53**
Panicle length	3.76	3.768	0.018	7.690	7.70	0.99	15.80
No. of filled grain/ panicle	2631.98	2605.093	26.891	31.60	31.76	0.98	**64.76**
No. of chaffy grain/ panicle	91.72	90.006	1.721	38.69	39.05	0.98	**78.95**
100-grain weight	0.29	0.284	0.005	28.89	28.57	0.98	**57.81**
Grain length	1.82	1.693	0.127	18.89	19.59	0.93	37.53
Grain breadth	0.14	0.128	0.015	14.08	14.89	0.89	27.42
Grain thickness	0.06	0.045	0.017	11.64	13.63	0.72	20.49
Grain yield/plant	132.78	126.189	6.596	39.50	40.42	0.95	**79.32**

O genoma do arroz tem cerca de 50000 genes. O traço de aroma do arroz foi previamente mapeado no cromossoma 8 com base em métodos de determinação qualitativa e quantitativa do aroma (Lorieux *et al.*, 1996). O gene do aroma foi mapeado a 4,5 cM de distância do RG28 (Ahn *et al.*, 1992) e a 12 cM entre o RG28 e o RG1 (Lorieux *et al.*, 1996). Recentemente, o marcador de polimorfismo de nucleótido único (SNP) RSP04 desenvolvido a partir da sequência genómica pública do arroz foi mapeado a 2 cM de distância do gene do aroma (Jin *et al.*, 2003). Tanto os estudos de expressão como a clonagem posicional apoiam o *Os2AP* como o regulador responsável pela acumulação de aroma de grão e pela síntese de 2-acetil-l-pirrolina *in vivo* (Vanavichit *et al.*, 2006). Tanto a genética clássica como a molecular apoiam que a mutação no exão 7 é o mecanismo molecular que regula a acumulação de 2-acetil-l-pirrolina in planta (Vanavichit *et al.*, 2008).

6.5. CARACTERÍSTICAS QUALITATIVAS E AGRONÓMICAS 6.5.1. Características do grão do arroz Basmati indiano

A principal caraterística do arroz aromático é o aroma forte, juntamente com os grãos longos e sleder, a amilose intermédia, a temperatura de gelatinização intermédia, o rácio de alongamento elevado e a textura macia. Siddiq (1983) estabeleceu normas mínimas para qualificar uma variedade como bom arroz aromático, em particular o Basmati, que se encontram enumeradas no Quadro 6.6.

6.5.2. Características agronómicas do arroz Basmati indiano

- O arroz Basmati é muito alto e fraco e, por conseguinte, suscetível de se alojar.
- O arroz Basmati é sensível ao fotoperíodo e suscetível à maioria das pragas e doenças causadas por insectos.
- A percentagem de quebra dos grãos longos e extra-longos na moagem é muito elevada, o que resulta numa menor recuperação da cabeça.
- Em geral, a produtividade do arroz Basmati nas zonas de cultivo tradicionais é tão baixa como 10 quintais/Hectare.
- Em todas as fases de crescimento da cultura e em quase todas as partes da planta, o aroma típico do arroz Basmati é evidente. O principal composto aromático responsável pelo sabor único do arroz Basmati foi identificado como 2-acetil-l-pirrolina.
- Sabe-se que as variedades de arroz Basmati produzem melhor aroma quando estas cultivares são expostas a condições climatéricas frescas durante a maturação. Por conseguinte, o arroz Basmati requer temperaturas relativamente mais baixas (25 °C durante o dia e 21 °C durante a noite) durante a maturação da cultura para uma melhor retenção do aroma.
- O arroz Basmati apresenta um efeito de localização bastante considerável. Por conseguinte, a melhor qualidade do arroz Basmati é cultivada em zonas tradicionais devido a uma interação entre o genótipo, o solo e os factores ambientais.
- A sementeira e transplantação atempada do arroz Basmati é um fator importante na determinação do rendimento do grão e dos parâmetros de qualidade.

Tabela 6.6. Componente de qualidade e respetivo intervalo mínimo aceitável para o arroz de qualidade basmati

Components	**Minimum acceptable range**
Origin	Authentic Basmati rice is sourced from northern India at the foothills of the Himalayas. Whilst Basmati rice can be sourced from India and Pakistan, Indian Basmati is traditionally considered premium.
Colour	The colour of a basmati is translucent, creamy white. Brown Basmati Rice is also available but the most commonly used is white Basmati.
Aroma	Fine appealing smell at the time of cooking and in the cooked rice. Incidentally, the aroma in Basmati arises from a cocktail of 100 compounds- hydrocarbons, alcohols, aldehydes and esters. A particular molecule of note is 2-acetyl-1-pyrroline.
Appearance and texture of cooked rice	Well separable, non-sticky (This quality is derived from the amylose content in the rice. If this value is 20-22%, the cooked rice does not stick. The glutinous, sticky variety preferred by the chopsticks users has 0-19% amylose), absolutely no hard core after cooking. Upon cooking, the texture is firm and tender without splitting.
Kernel length	6.5 mm
Kernel breadth	2.0 mm
Kernel length/breadth ratio	3.5
Milling recovery	40% and above
Alkali spreading and clearing value (at 27-30 °C in 1.7% KOH)	5-6
Water uptake (approx.)	250 ml and above
Volume expansion (approx.)	3.7 and above
Kernel length after cooking	10 mm and above
Elongation	The rice elongates almost twice upon cooking but does not fatten much. When cooked the grains elongate (70-120 % over the pre-cooked grain) more than other varieties.
Uses	Flavour and texture complements curries because it is drier rice and the grains stay separate. Also suits biryani and pilaf (where saffron is added to provide extra colour and flavour). Great for Indian and Middle Eastern dishes.

- As sementeiras ou transplantações precoces produzem maiores rendimentos, enquanto as tardias melhoram a qualidade.
- Além disso, o transplante precoce de variedades tradicionais prolongou a duração da fase vegetativa, resultando numa cultura alta e frondosa, que é mais suscetível de se alojar devido ao crescimento vegetativo excessivo e à altura das plantas.

6.6. AROMA

Foram desenvolvidos vários métodos para a deteção do aroma em diferentes genótipos de arroz, tanto quantitativa como qualitativamente (Buttery *et al.*, 1983;

Berner e Hoff, 1986; Sood e Siddiq, 1978). É bem aceite que a 2-acetil-1-pirrolina (2-AP) é o fator determinante do aroma a "pipocas" no arroz aromático, enquanto a concentração de 2-AP de uma dada amostra pode ser determinada utilizando cromatografia gasosa e espetrometria de massa por cromatografia gasosa (Buttery *et al.*, 1983). O seu elevado custo impediu-o de ser um método de rastreio preliminar. Felizmente, também foram descritos vários métodos qualitativos que envolvem testes de painel de folhas destacadas realçadas por KOH, sementes maduras descascadas com ou sem realce por KOH e cheiro de pequenas amostras de arroz cozinhadas em tubo de ensaio (Berner e Hoff, 1986; Sood e Siddiq, 1978).

No entanto, alguns dos métodos acima referidos são demasiado complicados para os obtentores. O método simples de avaliação do aroma, tal como descrito no IRRI (1971), consiste na comparação do aroma do arroz cozinhado com o de uma variedade fortemente perfumada. Para tal, coloca-se um grama de arroz recém-colhido num tubo de centrifugação (50 ml de fundo redondo). Adicionam-se cerca de 20 ml de água destilada. Os tubos são depois cobertos com folha de alumínio. As amostras são colocadas num banho de água a ferver durante 10 minutos. Deixa-se arrefecer as amostras cozidas e determina-se a presença de aroma em cada amostra. As amostras são classificadas como fortemente aromáticas, moderadamente aromáticas, ligeiramente aromáticas e não aromáticas.

6.6.2. Química e Bioquímica do Aroma

No arroz perfumado, foram identificados mais de 100 compostos (Buttery *et al.*, 1988; Grimm *et al.*, 2001) que são responsáveis pelo aroma. Entre estes, a ***2-acetil-1 pirrolina*** (Fig. 5.2) é o principal composto aromático em todas as cultivares de arroz perfumado (Buttery *et al.*, 1983).

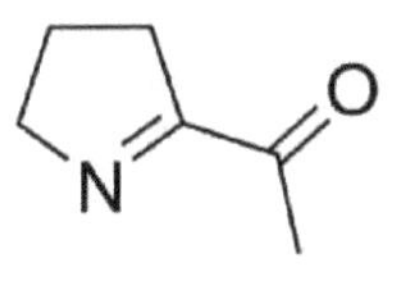

Fig. 5.2. Estrutura da2-acetil-l-pirrolina

6.6.2.1. Compostos voláteis associados ao aroma no arroz perfumado

A fragrância do arroz cozinhado é composta por mais de uma centena de compostos voláteis, tais como hidrocarbonetos (Quadro 6.7), álcoois, aldeídos, cetonas, ácidos, ésteres, fenóis, piridinas, pirazinas e outros compostos. O composto aromático "tipo popcom", 2-acetil-l-pirrolina (2AP), foi descoberto como o principal componente de sabor potente de todo o arroz aromático, côdea de trigo panificável e pão de centeio (Buttery *et al.*, 1983). Surpreendentemente, esta fragrância de arroz também foi isolada e identificada a partir de folhas de pandan (*Pandanus amaryllifolius* Roxb.) (Buttery *et al.*, 1983; Gangopadhyay *et al*, 2004), flores de pão (*Vallaris glabra* Ktze.) (Wongpornchai *et al.*, 2003), painço húmido (Seitz *et al.*, 1993), pipocas (Schieberle, 1991), *Bacillus cereus* (Romanczyk *et al.*, 1995) e fungos (Nagsuk *et al.*, 2003). A 2-acetil-1-pirrolina está presente em todas as partes da planta do arroz aromático (caules, folhas, grãos), exceto nas raízes (Lorieux *et al.*, 1996). A quantidade de 2-acetil-1-pirrolina no arroz pode variar consoante as condições de colheita e o tipo de solo. Uma variedade não aromática, Nipponbare, tem níveis de 2-acetil-1-pirrolina na ordem de 0 a 0,1 ppm (partes por milhão). Em contrapartida, uma variedade de arroz aromático, Thai Hom Mali, tem uma quantidade de 2-acetil-1-pirrolina entre 1 e 2,5 ppm (Vanavichit *et al.*, 2006).

6.6.2.2. Isolamento e quantificação de compostos voláteis

Os métodos tradicionais envolvem headspace estático, purga e armadilha, destilação a vapor-extração com solvente (incluindo destilação/extração simultânea) e extração direta com solvente para recolha/concentração (Reineccius, 2006).

Tabela 6.7. Compostos associados ao aroma do arroz perfumado

Volatile compounds	References
Methanol, ethylene, ethanal, propanal, 2-propanone, 1-butanal, 1-pentanal, 1-hexanal	Tsuzuki *et al.*, 1975a&b
Ethanal, propanal, 2-propanone, 1-hexanal	Tsuzuki *et al.*, 1977
Ethyl acetate, ethanol, 1-pentanal, 1-hexanal, *n*-nonane, *n*-decane, *n*-butanol, 2-hepatanone, xylene, 1-heptanal, *d*-limonene, pyridine, 2-methypyridine, *n*-dodecane, ethyl caproate, 2-pentylfuran, *n*-pentanal, 4-methylpyridine, cyclohexanone, 1-octanal, 2,4-nonadienal, naphtahlene, carvone, *n*-heptadecane, citral, benzyl acetate, *trans*-2-*cis*-4-decadienal, nicotine, *n*-octadecane, *trans*-2-*trans*-4-decadienal, 2-tridecanone, geranyl acetone, *β*-phenylethyl alcohol, quinoline, *n*-nonadecane, benzothiazole, 1-dodecanol, *γ*-nonalactone, phenol, 2-pentadecanone, *n*-eicosane, α-pyrrolidone, *γ*-decalactone, *n*-heneicosane, 6, 10, 14-trimethyl-pentadecan-2-one, *γ*-undecalactone, *n*-docosane, methyl palmitate, ethyl palmitate, farnesol, tricosane, α-hexylcinnamic aldehyde,3-methylpyridine, *trans*-2-heptanal, methylheptanone, 1-hexanol, 1-nonanal, *trans*-2-hexenol, *n*-tetradecane, *trans*-2-octenal, benzyl alcohol, *trans*-finalool oxide, 1-octen-3-ol, 2-heptanol, *cis*-linalool oxide, menthone, 2,4-heptadienal, 3-vinylpyridine, 2-ethylhexanol, 1-decanal, *n*-pentadecane, benzaldehyde, *trans*-2-nonenal, linalool, 1-octanol, 2-undecanone, *n*-hexadecanal, *n*-undecana, methyl benzoate, phenylacetaldehyde, *trans*-2-decenal, menthol, α-terpineol, diethyl phtalate, 4-vinylphenol, farnesyl acetone, *n*-tetracosane, indole, methyl stearate, methyl oleate, ethyl oleate, *n*-pentacosane, methyl linoleate, ethyl linoleate, dibutyl phthalate, myristic acid, palmictic acid, caproic acid, 2-ethyl caproic acid, heptanoic acid, capryric acid, nonanoic acid, furoic acid, succinic acid, capric acid, lauric acid, tridecanoic acid, pentadecanoic acid, stearic acid, oleic acid, linoleic acid, nonadecanoic acid, eicosanoic acid	Yajima *et al.*, 1979
Hydrogen sulfide, dimethyl sulfide, dimethyl disulfide, methyl mercaptan, *n*-butyl mercaptan	Tsuzuki *et al.*, 1978
Propanal, 1-pentanal, 1-hexanal	Tsuzuki *et al.*, 1981, Tsuzuki and Tanaka, 1981
2-acetyl-1-pyrroline	Buttery *et al.*, 1983

A separação é feita por cromatografia gasosa com ionização de chama ou espetrómetro de massa como detetor. O efluente da cromatografia gasosa para o espetrómetro de massa pode ser dividido, sendo uma parte encaminhada para uma porta de deteção para deteção humana. Desde a sua introdução em meados da década de 1990 (Yang e Peppard, 1994; Steffen e Pawliszyn, 1996), a recolha de compostos voláteis do arroz tem estado em voga, utilizando a microextracção em fase sólida (SPME) seguida de cromatografia gasosa e espetrómetro de massa (Grimm *et al.*, 2001; Lam e Proctor, 2003; Wongpornchai *et al.*, 2004; Champagne *et al.*, 2004b, 2005; Zheng e Zhang, 2007). Nesta técnica, uma fibra inerte revestida com um adsorvente é colocada no espaço livre acima de uma amostra de arroz e deixada a adsorver compostos voláteis. A fibra que contém os compostos voláteis adsorvidos é então termicamente dessorvida para um fluxo de gás de transporte de cromatografia gasosa.

O número e a quantidade de compostos voláteis isolados do arroz dependem do método. Nas análises de headspace estáticas que utilizam uma seringa estanque para a recolha, apenas os compostos voláteis mais abundantes são detectáveis. Nos métodos de purga e captura, os compostos com maior pressão de vapor são preferencialmente removidos e, destes, os compostos capturados em Tenax dependem da sua polaridade. O Tenax tem uma baixa capacidade de adsorção e uma baixa afinidade para compostos polares e uma elevada afinidade para compostos não polares (Reineccius, 2006). Na destilação a vapor/extração por solvente, o perfil volátil obtido é influenciado pela volatilidade dos compostos aromáticos (isolamento inicial), pela solubilidade durante a extração por solvente do destilado e pela volatilidade novamente durante a concentração do extrato por solvente (Reineccius, 2006). Na destilação/extração simultânea, o isolado de aroma preparado contém quase todos os compostos voláteis do arroz; no entanto, as suas proporções podem representar mal o verdadeiro perfil. Na extração direta com solvente, as recuperações de compostos voláteis dependem do solvente escolhido.

O número e a quantidade de compostos voláteis isolados do arroz dependem também da forma como a amostra é preparada. O perfil volátil do arroz cozido difere do do arroz não cozido; o perfil da farinha difere do dos grãos intactos. Observam-se quantidades mais elevadas de produtos de oxidação lipídica na farinha do que nos grãos intactos. Isto pode ser um efeito de matriz ou devido a uma oxidação acelerada. A composição do espaço livre do arroz pode ser facilmente alterada pela adição de água e pela temperatura. Para análises específicas, como a 2-acetil-l-pirrolina (2-AP), a adição de *uma* pequena quantidade de água é vantajosa, ao passo que para outros compostos a adição de água pode suprimir a recuperação (Grimm *et al.*, 2002). A adição de água pode complicar ainda mais a análise, uma vez que pode induzir a ação enzimática, conduzindo a um aumento dos compostos voláteis.

A quantificação é difícil com os métodos descritos. Nos métodos de headspace, os dados obtidos reflectem a quantidade de compostos voláteis no headspace, que é influenciada pela matriz alimentar. As interacções entre os compostos voláteis e as matrizes de amido podem aumentar a retenção (Arvisenet *et al.*, 2002; Boutboul *et al.*, 2002). Em particular, a amilose linear do amido é capaz de formar complexos de inclusão com uma grande variedade de compostos voláteis que podem afetar a intensidade dos aromas percebidos. As interacções dos compostos aromáticos com lípidos e proteínas também afectam a sua volatilidade.

6.6.2.3. Quantificação do 2-AP e distinção entre cultivares perfumadas e não perfumadas

A elevada procura de cultivares de arroz perfumado nos mercados mundiais levou ao desenvolvimento de métodos para quantificar o 2-AP e distinguir cultivares perfumadas e não perfumadas. Purga e armadilha (Buttery *et al.*, 1988), destilação a vapor simultânea-extração com solvente (Buttery *et al.*, 1986; Lin *et al.*, 1990; Petrov *et al.*, 1996; Widjaja *et al.*, 1996; Tava e Bocchi, 1999; Mahatheeranont *et al.*, 2001), destilação a vapor simultânea-extração com solvente (Tanchotikul e Hsieh, 1991), extração direta com solvente (Fushimi *et al*, 1996; Bergman *et al.*, 2000; Mahatheeranont *et al.*, 2001; Itani *et al.*, 2004), SPME (Grimm *et al.*, 2001; Wongpornchai *et al.*, 2004) e headspace estático (Sriseadka *et al.*, 2006) foram utilizados para o isolamento e a concentração de 2-AP a partir de amostras de arroz. O longo tempo de extração dos métodos de extração por destilação a vapor e solvente e, por conseguinte, o baixo rendimento das amostras por dia, torna-os impraticáveis para utilização em programas de melhoramento. O método de extração desenvolvido por Bergman *et al.* (2000) requer apenas 0,3 g de arroz integral ou branqueado, uma extração de 2,5 horas em cloreto de metileno a 85^0 C, e uma corrida de cromatografia gasosa de 25 minutos, permitindo a análise de 50 amostras por dia. Uma extração solubilizou < 80% do 2-AP com um coeficiente de variação de 7,9% e um erro padrão de 14.

6.6.2.4. Identificação de compostos voláteis que afectam o aroma e o sabor do arroz

Um grande número de compostos contribui para o aroma e o sabor do arroz. No entanto, dos mais de 200 compostos voláteis observados no arroz, apenas alguns foram identificados como afectando o aroma e o sabor do arroz cozinhado. Determinar que compostos voláteis são responsáveis pela perceção do aroma/sabor do arroz é uma tarefa difícil. Com a exceção do 2-AP (aroma a pipocas), não se pode dizer que um único composto contribua para um aroma caraterístico. Além disso, o aroma/sabor percetível não é estritamente aditivo, podendo resultar da interação de vários compostos voláteis. Vários investigadores (Buttery *et al.*, 1988; Jezussek *et al.*, 2002; Lam e Proctor, 2003) adoptaram abordagens metódicas para determinar quais dos numerosos compostos voláteis do arroz são candidatos a contribuintes importantes para o seu aroma e sabor. Buttery *et al.* (1988) e Lam e Proctor (2003) calcularam e compararam valores de aroma para determinar quais os produtos de oxidação lipídica que provavelmente contribuem para o sabor desagradável. Quanto maior for o rácio entre a concentração de um composto volátil e o seu limiar de odor, maior será a probabilidade de o composto contribuir para o aroma ou sabor global do arroz.

Outra abordagem para determinar quais os compostos voláteis que contribuem de forma importante para o aroma e o sabor ou que servem como marcadores da qualidade sensorial tem sido a análise da forma como os factores genéticos, pré-colheita e pós-colheita afectam a formação e a concentração e, subsequentemente, o aroma e o sabor do arroz. Seguindo esta abordagem, foi alcançado um certo grau de sucesso na determinação dos produtos de oxidação lipídica que podem contribuir para o sabor desagradável do arroz velho.

A busca para entender a composição do arroz aromático e como ele difere de cultivares não aromáticos tem sido feita através de comparações de perfis voláteis. Buttery *et al.* (1983) relataram que o 2-AP é o composto volátil que define o aroma caraterístico de pipoca do arroz perfumado. Apenas as cultivares de arroz perfumado possuem o potencial genético (Lorieux *et al.*, 1996; Bradbury *et al.*, 2005a) para acumular 2-AP. Hussain *et al.* (1987) compararam os perfis voláteis do arroz Basmati aromático com o arroz não-fragrante. Foram encontrados mais pentadecan-2-ona, hexanol e 2-pentylfaran no arroz Basmati. Em outra comparação, Petrov *et al.* (1996) encontraram nove compostos para discriminar arroz aromático e não aromático: pentanol, hexanol, 2-AP, (E)-hept-2-enal, benzaldeído, octanal, pentadecan-2-um, 6, 10, 14-trimetil-pentadecan-2-um e hexadecanol. Widjaja *et al.* (1996), num estudo comparativo entre arroz não-fragrante e arroz perfumado, verificaram que o arroz não-fragrante continha muito mais n-hexanal, (E)-2-heptenal, l-octen-3-ol, n-nonanal, (E)-2- octenal, (E)-2, (E)-4-decadienal, 2-pentylfUran, 4-vinylguaiacol, e 4- vinylphenol, do que os quatro arroz perfumado. Nestes três estudos, os produtos de oxidação foram identificados como discriminantes. No entanto, o cultivo/manuseamento pré-colheita e pós-colheita de arroz não-fragrante e perfumado não foi o mesmo para os dois tipos de arroz nestes estudos. Por conseguinte, a predominância de produtos de oxidação lipídica num tipo pode ter sido devida a diferenças de crescimento/manuseamento e não ao facto de ser ou não perfumado. É necessário efetuar estudos comparativos em conjuntos maiores de cultivares perfumadas e não perfumadas cultivadas em condições idênticas e manuseadas de forma idêntica após a colheita.

Uma nova abordagem foi adoptada por Laguerre *et al.* (2007) para identificar os compostos voláteis que diferenciam o aroma de 61 cultivares de arroz (29 fragrantes e 32 não-fragrantes). De particular interesse foi a determinação dos compostos que contribuem para a diversidade do aroma encontrado no arroz perfumado. É improvável que o 2-AP seja o único composto que contribui para o aroma único deste arroz. O seu método utilizou a SPME para a recolha de voláteis, associada diretamente à espetrometria de massa, sem cromatografia para seleção. Não foram encontrados compostos diferenciadores, para além do 2-AP, nas impressões digitais com limiares de odor suficientemente baixos para contribuírem para o aroma do arroz.

Tava e Bocchi (1999) também observaram, através de uma comparação de cultivares perfumadas, que as únicas diferenças estavam nos conteúdos de 2AP e produtos de oxidação lipídica, sendo estes últimos atribuídos a diferenças no manuseamento pós-colheita.

6.6.2.5. Análise sensorial do aroma e do sabor

O aroma do arroz é detectado quando os seus compostos voláteis entram na passagem nasal e são percebidos pelos milhões de cílios minúsculos, semelhantes a pêlos, que cobrem o epitélio localizado no teto da cavidade nasal (Meilgaard *et al.*, 2007). Geralmente, existe apenas uma diferença de 100 vezes entre o limiar (nível mínimo detetável) e a concentração que produz a saturação dos receptores. Um bom perfumista consegue distinguir 150-200 qualidades odoríferas (Meilgaard *et al.*, 2007). O aroma do arroz é normalmente descrito por um painel de peritos treinados, utilizando um léxico com 10-12 descritores.

O aroma e o sabor do arroz podem ser caracterizados e medidos analiticamente por membros do painel treinados em análise sensorial descritiva (Meilgaard *et al.*, 2007). A análise descritiva é útil na avaliação das alterações sensoriais ao longo do tempo no que respeita às condições de pré-colheita e pós-colheita e ao prazo de validade (Meilgaard *et al.*, 2007).

A utilização combinada de painéis sensoriais descritivos e de preferência pode fornecer uma avaliação exacta e identificar as características de qualidade desejadas por vários mercados. As pontuações descritivas também podem ser correlacionadas com as concentrações de compostos voláteis utilizando vários métodos estatísticos para determinar quais os compostos responsáveis pela perceção do aroma e do sabor ou que servem de marcadores para estes atributos. Alguns investigadores desenvolveram correlações estatísticas baseadas principalmente na regressão linear (Bett e Boylston, 1992), enquanto outros utilizaram estatísticas multivariadas para correlacionar dois conjuntos (ou mais) de medições. A análise estatística multivariada (regressão linear múltipla, análise de componentes principais e mínimos quadrados parciais) permite a integração de todos os compostos voláteis individuais numa mistura para serem relacionados com as respostas sensoriais (Meilgaard *et al.*, 2007). A vantagem desta abordagem é que modela com maior precisão a natureza sinérgica e interactiva dos componentes activos aromatizantes e não aromatizantes que produzem a impressão sensorial total. A desvantagem é que alguns componentes podem ser escolhidos para o modelo de sabor apenas porque estavam altamente correlacionados, mas não eram agentes causais (Nobler e Ebler, 2002).

Seguindo os princípios e conceitos da análise sensorial descritiva, os léxicos de aroma e sabor são desenvolvidos através da avaliação rigorosa de várias amostras de arroz por um painel para identificar e descrever o aroma e o sabor. São estabelecidas referências e o painel utiliza-as para chegar a um consenso sobre as definições dos descritores. Tal como descrito por Goodwin *et al.* (1996), foi desenvolvido um léxico de aroma/sabor de arroz no início dos anos 90 por membros do painel do Centro de Análise Sensorial da Universidade Estatal do Kansas. O painel descritivo treinado no USDA ARS Southern Regional Research Center utiliza este léxico para avaliar o aroma e o sabor do arroz. Léxicos semelhantes para o arroz foram desenvolvidos por Meullenet *et al.* (1999, 2000) e Park *et al.* (2001).

Utilizando a análise descritiva, a intensidade de cada descritor é classificada pelos membros do painel. A escolha da escala e das referências utilizadas para classificar as intensidades é particularmente importante no arroz, onde as diferenças de aroma e sabor podem ser pequenas. O método de análise descritiva do espetro utiliza uma escala universal para todos os alimentos (Meilgaard *et al.*, 2007). Champagne *et al.* (2004b, 2005) e Meullenet *et al.* (1999) utilizaram esta escala nos seus programas de investigação. A escala é de 0-15 com componentes de sabor de produtos de marca dos EUA com intensidades definidas.

Outro método foi descrito por Ahmadikhah *et al.* (2010) para avaliar a fragrância do arroz aromático com três repetições (indivíduos que cheiram vapor) por cultivar. Em cada repetição, três grãos de arroz descascados foram colocados num tubo eppendorf de 1,5 ml. Foram adicionados 300 pl de água destilada a cada tubo e os tubos fechados com tampa foram incubados a 50^0 C durante 16 h ou a 95^0 C durante 15 min. Em seguida, o vapor foi cheirado por três indivíduos e as amostras foram classificadas em comparação com as cultivares de controlo.

6.6.2.6. Biossíntese da 2-acetil-1-pirrolina

Hofman e Schieberle (1998) desenvolveram um método para sintetizar a 2-acetil-1-pirrolina e a 2-acetiltetrahidropiridina. A sequência de reação em quatro etapas começa com os a-aminoácidos cíclicos com escudo N, a L-prolina e o ácido pipecolínico. Estes são convertidos em derivados 2-actílicos com blindagem N. Os grupos de proteção são removidos e os compostos oxidados para produzir 2-acetil-1-pirrolina e 2-acetiltetrahidropiridina.

A primeira prova que associa o aminoácido prolina ao precursor que sintetiza a 2-acetil-1-pirrolina foi encontrada em experiências de cultura de células e calos (Suprasanna, *et al.*, 1998, 2002). Esta conclusão foi apoiada por experiências que utilizaram a marcação isotópica, mostrando que o precursor do grão 2-acetil-1-pirrolina é muito provavelmente o aminoácido prolina no arroz Thai Hom Mali (Yoshihashi, 2002) e provavelmente noutros arrozes aromáticos. No entanto, a via biossintética exacta do composto 2-acetil-1-pirrolina não é conhecida, mas é um derivado da prolina. Foi levantada a hipótese de que a prolina pode ser convertida em 2-acetil-1-pirrolina ou em ácido glutâmico, pelo que a inibição da via de síntese do ácido glutâmico aumentará a disponibilidade de prolina (ou intermediários) para a síntese de 2-acetil-1-pirrolina (Vanavichit *et al.*, 2006). Um gene que codifica uma proteína que controla o aroma do arroz, denominado Os2AP, foi identificado como um membro da família da aldeído desidrogenase que pode desempenhar um papel fundamental na conversão da prolina em ácido glutâmico. Todas as variedades de arroz aromático testadas têm uma deleção de oito nucleótidos neste gene. A deleção cria um códon de parada prematuro que leva à degradação mediada por nonsense contra seu próprio mRNA, levando a um fenótipo de perda de função. Estudos de interferência de RNA (RNAi) mostraram que a interrupção da transcrição do gene *Os2AP* levou a níveis elevados de 2-acetil-1-pirrolina nas plantas, juntamente com um aumento do aroma (Vanavichit *et al.*, 2008).

6.7. FACTORES QUE AFECTAM O AROMA E O SABOR DO ARROZ

6.7.1. Genética

Foi demonstrado que a fragrância no arroz se deve a uma deleção de oito pares de bases (GATTAGGC) no exão 7 de um gene no cromossoma 8 (Lorieux *et al.*, 1996; Chen *et al.*, 2006) que codifica uma betaína aldeído desidrogenase 2 (BAD2) putativa (Bradbury *et al.*, 2005b). Esta mutação causou um frame-shift no início da tradução na posição 729 e criou o códão de paragem prematuro que começa na posição 753. Este códão de paragem prematuro pode ter efeitos significativos na expressão de Os2AP. Este polimorfismo oferece uma oportunidade para a construção de um sistema de marcadores perfeito para a fragrância no arroz.

Recentemente, Fitzgerald *et al.*, (2008) analisaram 464 amostras registadas como perfumadas do Centro de Recursos Genéticos do Instituto Internacional de Investigação do Arroz (IRRI). Várias dessas cultivares, principalmente do sul e do sudeste da Ásia, não apresentavam a deleção de 8 pb, embora contivessem 2-AP. Depois de eliminar a possibilidade de um produto da reação de Maillard, os autores concluíram que a deleção de 8-bp no alelo de fragrância não é a única causa do aroma e que pelo menos uma outra mutação conduz à acumulação de 2-AP.

6.7.2. Pré-colheita

O ambiente, a fertilização e as práticas culturais afectam os teores de amilose e de proteína das cultivares de arroz que, por sua vez, podem influenciar o aroma e o sabor do arroz cozinhado. Amostras de arroz com baixo teor de proteína da mesma cultivar são relatadas como sendo mais saborosas do que aquelas com maior teor de proteína (Juliano *et al.*, 1965). Esta observação foi corroborada por dois painéis sensoriais descritivos (Park *et al.*, 2001; Champagne *et al.*, 2004a), que consideraram que o arroz com menor teor de proteína tem níveis mais elevados de aroma/sabor doce desejável e níveis mais baixos de atributos de sabor indesejáveis. Em contraste, Champagne *et al.* (2007) não encontraram nenhuma diferença no aroma ou sabor com maior teor de proteína (média de 9,2% com 100% de taxa de N).

O teor de amilose, o fator determinante mais importante da textura do arroz cozinhado, correlacionou-se de forma elevada e negativa com o sabor do grão no estudo de 17 cultivares diferentes (Champagne *et al.*, 2004b). Com o atraso (intervalo de 15 dias) no transplante de mudas de oito cultivares, o teor de amilose aumentou e o teor de proteína diminuiu (Akbar *et al.*, 1993). A pontuação do aroma do arroz cozinhado aumentou. A concentração de 2-AP varia com as condições ambientais. A concentração de 2-AP foi mais elevada no arroz integral amadurecido a uma temperatura baixa (dia 25 °C; noite 20 °C) do que no amadurecido a uma temperatura elevada (dia 35 °C; noite 30 °C) (Itani *et al.*, 2004).

6.7.3. Datas de escoamento e de colheita

A calendarização da drenagem do campo e da colheita do arroz, tendo em conta a maturidade fisiológica, o teor de humidade e as condições meteorológicas, pode permitir que os produtores criem condições para um elevado rendimento do arroz em casca. No entanto, pode haver uma desvantagem em termos de sabor. A drenagem precoce dos campos pode causar stress de humidade nos grãos antes de estes estarem fisiologicamente maduros, afectando os processos metabólicos e, por sua vez, os compostos voláteis do sabor. A colheita antecipada com teores de humidade mais elevados, embora melhore o rendimento do arroz com cabeça (Kester *et al.*, 1963), pode levar a um crescimento microbiano problemático com metabolitos associados de sabor desagradável se a secagem for atrasada (Champagne *et al.*, 2004b).

A cultivar de arroz IR42 foi colhida em sete alturas, 20-38 dias após 50% de floração (Marzempi *et al.*, 1990). Com o aumento do tempo de colheita, o conteúdo de amilose e proteína aumentou. O aroma e o sabor diminuíram com a maturação, sendo o melhor sabor encontrado aos 20 dias após 50% de floração. Arai e Itani (2000) verificaram que quando o arroz era colhido 10 dias antes da época normal de colheita (42 dias após a colheita), o arroz cozinhado era mais doce e mais "delicioso". Tamaki *et al.* (1989) também verificaram que o sabor diminuía com a maturidade. Desempenhando um papel no sabor do arroz, a quantidade de aminoácidos livres no exterior do arroz cozinhado diminuiu continuamente com a maturação. O sabor foi considerado rico no arroz imaturo mas pobre no arroz demasiado maduro. A influência do tempo de colheita durante a maturação na concentração de 2-AP em duas cultivares foi examinada (Itani *et al.*, 2004). Durante o desenvolvimento do grão de uma cultivar de descasque precoce, a concentração de 2-AP no arroz integral atingiu um pico às quatro ou cinco semanas após o descasque (WAH) e depois diminuiu rapidamente para 20% do máximo às sete ou oito WAH. Numa cultivar de rebentação tardia, a concentração de 2-AP atingiu um pico às quatro WAH e depois diminuiu gradualmente para 40% do máximo às oito WAH.

6.7.4. Teor de humidade na colheita

Entre a colheita e o início da secagem, o arroz pode ser mantido durante mais de 24 horas com teores de humidade de 16 a >26%. Os micróbios que se encontram no arroz acabado de colher crescem nestas condições e podem produzir compostos voláteis que afectam

o sabor ou o aroma do arroz branco obtido após a secagem e a moagem. Foi feita uma comparação dos teores de 10 metabolitos microbianos voláteis no arroz branco obtido a partir de arroz paddy (cvs. M-202 e Akitakomachi) colhido com diferentes teores de humidade e imediatamente seco ou mantido durante 48 horas antes da secagem (Champagne *et al.*, 2005). Não foram observados aumentos nos níveis de metabolitos microbianos voláteis no arroz branco obtido a partir de arroz em casca que foi armazenado a 17-21% de humidade durante 48 horas. Não foram observadas alterações nas intensidades dos atributos de sabor. Este facto está de acordo com as observações de Meullenet *et al.* (1999). A conservação do arroz colhido a 20,5% de humidade durante 86 horas não afectou significativamente a nota de amido (sabor do grão), a nota de cartão (envelhecido), a nota de enxofre (off-note) ou o impacto global do sabor. No arroz branco de arroz paddy armazenado a >24% de humidade, o 3-metil-butanol, o 2-metilbutanol, o ácido acético, o 2,3- butandiol e o hexadecanoato de etilo aumentaram acentuadamente com o tempo (Champagne *et al.*, 2005).

6.7.5. Condições de secagem do arroz em bruto, teor de humidade final e condições de armazenamento

Meullenet *et al.* (1999) examinaram os efeitos das condições de secagem do arroz em bruto sobre a nota de amido (sabor do grão), a nota de cartão (envelhecido), a nota de enxofre (nota estranha) e o impacto global do sabor. O tratamento de secagem (alta 54,3 °C e 21,9% RH e baixa 33 °C e 67,8% RH) não afectou significativamente estas notas de sabor no arroz cozido antes do armazenamento. Da mesma forma, Champagne *et al.*, (1997) não observaram tendências que indicassem um aumento ou diminuição dos atributos de sabor com o aumento das temperaturas de secagem (18-60 °C). Níveis mais elevados do composto aromático 2-AP e níveis mais baixos de compostos de sabor desagradável, como o 2-pentylfuran e o *n-hexanal*, foram obtidos a temperaturas de secagem mais baixas quando o arroz foi seco ao sol, em ar modificado (a 30-40 °C) e em ar quente (a 40, 50 e 70 °C) (Wongpornchai *et al.*, 2004). Em contraste, Sunthonvit *et al.* (2005) relataram que a concentração de 2-AP tendia a aumentar com o aumento da temperatura de secagem de 100-150 °C. As intensidades dos atributos de sabor desejáveis e indesejáveis foram maiores no arroz seco a 15% de humidade em comparação com 12% de humidade (Champagne *et al.*, 1997).

A temperatura e o tempo de armazenamento do arroz em bruto podem afetar o aroma e o sabor do arroz branco obtido a partir dele na moagem. O arroz seco a 43,4 °C e 38,2% HR foi deixado a equilibrar-se em câmaras controladas pelo ar até atingir teores de humidade de 10, 13 e 14% e armazenado a 4, 21 e 38^0 C durante 0, 6, 12, 24 e 36 semanas (Meullenet *et al.*, 2000). Em cada temperatura de armazenamento, as notas de enxofre aumentaram com o tempo de armazenamento; o aumento foi ligeiro na temperatura de armazenamento mais elevada (Meullenet *et al.*, 2000). Num estudo anterior, no entanto, Meullenet *et al.* (1999) observaram uma diminuição significativa das notas de enxofre após 20 semanas nas mesmas temperaturas de armazenamento (4, 21, 38 °C). Em ambos os estudos, as notas de enxofre diminuíram significativamente à medida que a temperatura de armazenamento aumentou de 4 para 38 °C. Os compostos de enxofre foram provavelmente volatilizados a uma taxa mais elevada com o aumento da temperatura (Meullenet *et al.*, 1999). As notas de cartão, um indicador de gorduras e óleos ligeiramente oxidados, aumentam com a duração e a temperatura de armazenagem (Meullenet *et al.*, 1999, 2000). As notas aromáticas de amido diminuem com o aumento do tempo de conservação (Meullenet *et al.*, 2000). As notas granulosas diminuíram consistentemente com o tempo durante as primeiras 25 semanas de armazenamento e aumentaram durante o armazenamento subsequente (Meullenet *et al.*, 2000). Os membros do painel podem ter percepcionado os sabores estranhos que se desenvolvem durante a armazenagem como notas granulosas. As notas de cartão, um indicador de gorduras e óleos ligeiramente oxidados, aumentaram com a duração e a temperatura de armazenagem.

A secagem do arroz a altas temperaturas reduziu as concentrações de 2-AP (Itani e Fushimi, 1996). Independentemente do método de secagem (secagem ao sol, ar modificado a 30 ou 40 °C, ar quente a 40, 50 ou 70 °C), o 2-AP diminuiu durante 10 meses de armazenamento para o arroz em bruto, com a maior taxa de diminuição no início do armazenamento (Wongpornchai *et al.*, 2004).

6.7.6. Grau de fresagem

O aroma do arroz branqueado difere consoante o grau de branqueamento. Quatro tipos de arroz moído em diferentes graus (92, 85, 75 e 50% de arroz moído) foram submetidos a uma avaliação do odor. Foram observadas diferenças significativas no odor do arroz cozinhado e na quantidade de componentes voláteis entre o arroz branqueado a 92% e o arroz branqueado a 85, 75 e 50% (Tsugita *et al.*, 1980). As concentrações mais elevadas de produtos de oxidação de lípidos no arroz branqueado a 92%, em comparação com os níveis do arroz branqueado mais profundo, devem-se provavelmente ao facto de estes produtos estarem contidos no farelo residual na superfície do arroz branqueado a 92%.

O sabor a milho tufado, o sabor a arroz cru, o sabor a cartão húmido, o sabor a feno e o sabor amargo foram menores, enquanto o sabor doce foi maior com o aumento da moagem de 8 para 14% (Park *et al.*, 2001). As amostras moídas a 6% eram mais azedas, menos suaves (sensação na boca), mais pungentes, menos suaves (aroma) e tinham menos sabor doce do que as moídas a 8,8% (Piggott *et al.*, 1991). Champagne *et al.*, (1997) descobriram que os efeitos do grau de moagem nas intensidades dos atributos de sabor dependem do teor de humidade e da cultivar ou localização.

6.7.7. Temperatura e tempo de armazenamento do arroz branqueado

O arroz branqueado desenvolve um sabor a mofo durante o armazenamento. Durante o armazenamento, os lípidos superficiais sofrem hidrólise para formar ácidos gordos livres que são susceptíveis de oxidação (Yasumatsu *et al.*, 1966). A lipase do farelo residual na superfície do arroz branqueado contribuirá para a formação destes ácidos gordos livres. Além disso, a oxidação de ácidos gordos insaturados, particularmente os ácidos linoleico e linolénico, prossegue com a eventual formação de vários produtos de oxidação secundários, tais como aldeídos, cetonas, álcoois, furanonas, ácidos, lactonas e hidrocarbonetos que são, em última análise, responsáveis pelo desenvolvimento de sabores e odores estranhos (Yamamatsu *et al.*, 1966; Grosch, 1987). O processo de moagem acelera o processo ao romper as células, libertando a lipoxigenase.

O dissulfureto de hidrogénio (H_2 S) é um componente indispensável do aroma do arroz cozido e pensa-se que o H2S é gerado a partir dos grupos sulfidrilo das proteínas. A quantidade de H_2 S nos voláteis do arroz cozinhado foi maior no arroz armazenado a 50 °C do que no arroz armazenado a 40 °C (Moritaka e Yasumatsu, 1972). Os açúcares, como a glucose e a sacarose, e os aminoácidos, como o ácido glutâmico e o ácido aspártico, são os principais componentes que afectam a doçura do arroz (Fukui e Nikuni 1959; Tajima *et al.*, 1992; Saikusa *et al.*, 1994; Kasai *et al.*, 2001). A doçura (sacarose) e os sabores umami do arroz foram reduzidos durante o armazenamento, enquanto a glucose e a frutose aumentaram (Tran *et al.*, 2005). O teor de 2-AP do arroz diminuiu 40-50% em todas as formas de arroz (paddy, castanho, branco), independentemente do facto de o armazenamento de três meses ser feito ao ar ou sob vácuo parcial (Widjaja *et al.*, 1996). O teor de 2-AP diminui mais rapidamente a uma temperatura de armazenamento mais elevada (Yoshihashi *et al.*, 2005). A acidez da gordura do arroz aumentou durante o armazenamento e foi inversamente correlacionada com o teor de 2-AP numa fase inicial do armazenamento. O material de embalagem afectou moderadamente a preservação do 2-AP.

Os efeitos do armazenamento sobre o sabor do arroz pouco moído e bem moído foram determinados por um painel descritivo (Piggott *et al.*, 1991). As amostras armazenadas a 30 °C obtiveram pontuações mais elevadas para pungente, oleoso, bolorento/empoeirado, azedo (sabor), amargo, azedo (aroma) e lamacento/terroso, enquanto as armazenadas a -20 °C obtiveram pontuações mais elevadas para doce (sabor), perfumado, suave (aroma), doce (aroma), herbáceo e suave (sensação na boca). As pontuações para oleoso e amiláceo (sensação na boca), perfumado, suave (aroma) e lamacento/terroso aumentaram com o tempo de armazenamento. Tanto as amostras não branqueadas como as bem branqueadas sofreram estas alterações durante o armazenamento a 30 °C, mas estas foram maiores no caso do arroz não branqueado. Os ácidos gordos livres (AGL) constituíam uma proporção maior do total de lípidos superficiais nas amostras não branqueadas do que nas amostras bem branqueadas para as amostras armazenadas a alta temperatura. O armazenamento a -20 °C suprimiu completamente este aumento de AGL. O hexanal e os carbonilos seguiram a mesma tendência que os AGL.

6.7.8. Lavagem

O arroz que foi lavado três vezes apresentou uma menor deterioração do sabor durante a conservação do arroz cozinhado até 24 horas do que o arroz lavado uma vez (Fukai e Tukada, 2006). Monsoor e Proctor (2002) demonstraram que > 60-80% dos lípidos totais da superfície foram removidos por lavagem com água, com uma redução de ácidos gordos livres e dienos conjugados em relação a amostras de controlo não lavadas. A lavagem com água pode ser um meio prático de reduzir o desenvolvimento de sabores estranhos no arroz branqueado (Monsoor e Proctor, 2002).

6.7.9. Imersão

A demolha em água durante > 30 minutos antes da cozedura é uma prática tradicional no Japão, Coreia e outros países asiáticos, que reduz o tempo de cozedura. A demolha facilita uma cozedura uniforme e encurta o tempo de gelatinização. A demolha também provoca alterações químicas no grão que podem afetar o aroma e o sabor do arroz. Uma quantidade considerável de oligossacáridos é formada através da ativação de amilases nas camadas exteriores (5-10% do grão moído) durante a demolha (Tajima *et al.*, 1992). A demolha em água de farinhas preparadas a partir das camadas exteriores da amêndoa moída também levou a um aumento da maioria dos aminoácidos livres (Saikusa *et al.*, 1994). Acredita-se que os conteúdos de açúcares livres e aminoácidos livres desempenham um papel no sabor do arroz cozinhado, influenciando a doçura (Tajima *et al.*, 1992; Saikusa *et al.*, 1994; Tran *et al.*, 2005).

6.7.10. Influência do método de cozedura e do rácio água/arroz no sabor do arroz cozido

Os métodos de cozedura do arroz incluem o método do excesso de água até ao tempo de cozedura ideal ***(método Excess),** o* método da água ideal da panela de arroz ***(método Pilaff)*** e ***a cozedura a vapor*** (Juliano, 2003). Numa comparação entre os métodos Excesso e Pilaff, um painel de consumidores concluiu que o arroz cozinhado pelo método Pilaf tinha um sabor mais aceitável do que a cozedura em excesso (Crowhurst e Creed, 2001). Possivelmente, os compostos de sabor foram perdidos durante a drenagem após a cozedura utilizando o método Excesso.

Temperatura de serviço do arroz cozinhado, Yau e Huang (1996) concluíram que o aroma do arroz cozinhado se altera com a temperatura de serviço e que o aroma deve ser a soma ou mistura de atributos específicos. Num estudo posterior, Yau e Liu (1999) verificaram que não havia uma tendência clara do efeito da temperatura para todas as amostras de arroz. A temperatura afectou de forma diferente o conteúdo de determinados compostos de cada cultivar. Por outro lado, o rácio água/arroz utilizado no método Pilaff não afectou significativamente os atributos de sabor em todas as cultivares (Bett-Garber *et al.*, 2007).

Capítulo 7

CAUSAS DO DECLÍNIO DO ARROZ BIODIVERSIDADE

7.1. AUMENTAR A UTILIZAÇÃO DE GENE(S) ESPECÍFICO(S) PARA O MELHORAMENTO DAS CULTURAS

Na Ásia tropical, de entre os principais países produtores de arroz, foi a Índia que registou o lançamento do maior número (643) de variedades nos últimos 50 anos. A Índia pode, por conseguinte, ser utilizada como um estudo de caso para examinar a diversidade genética das variedades cultivadas. O cultivo de arroz na Índia começou no início do século XX com o estabelecimento de estações de investigação de arroz em Dacca (atualmente no Bangladesh) e Coimbatore (Tamil Nadu, Índia). O programa de melhoramento do arroz foi reforçado durante as décadas de 1920 e 1930. Até 1960, existiam 69 estações de investigação no país a trabalhar no melhoramento do arroz. Estas estações de investigação tinham desenvolvido 430 variedades melhoradas até 1960, 27 das quais através de hibridação; as restantes provinham de selecções de linhas puras em diferentes regiões. O rendimento elevado era o objetivo mais importante em todos os programas de melhoramento. Outros objectivos eram uma palha forte, maturidade precoce e resistência a pragas de insectos e doenças. Algumas das variedades de destaque desenvolvidas durante este período são: MTU-1, MTU-15 e HR-19 em Andhra Pradesh; Chinsurah-7 em Bengala Ocidental; variedades Kodamba em Bombaim; GEB 24, CO 2, CO 25, CO 26 e ASD-1 em Tamil Nadu; T 141 e SR 26 B em Orissa; Basmati 170 em Punjab; e T-136 em Uttar Pradesh. A variedade GEB 24 foi obtida como mutante espontâneo da variedade tradicional Konmani. Revelou-se muito popular e difundiu-se em várias partes do sul da Índia. Durante a década de 1960, foram lançadas as variedades semi-anãs IR 8 e Jaya, dando início à era da revolução verde na Índia. Posteriormente, os esforços de melhoramento centraram-se na melhoria da qualidade do grão, na incorporação de resistência a doenças e pragas de insectos e na redução do período de maturação. Recentemente, foram intensificados os esforços para desenvolver híbridos de arroz. Quinze híbridos promissores já foram libertados para cultivo comercial.

As fontes genéticas indianas proporcionaram ganhos de produção e produtividade a nível mundial, tanto no arroz tropical como no temperado, antes mesmo da introdução de variedades de elevado rendimento. As variedades populares da Indonésia (Intan, Peta e Mas) são derivadas de um cruzamento entre a variedade indiana Latisail e a variedade chinesa Cina. A Peta é um dos progenitores da IR 8, a variedade que revolucionou a produção de arroz na Ásia tropical. A IR 8 é o progenitor mais utilizado em vários cruzamentos na Ásia tropical. Mais de 80% das variedades semi-anãs cultivadas na Ásia tropical têm o Latisail como um dos seus antepassados. Do mesmo modo, 35 variedades lançadas pelo IRRI e cultivadas em vários países da Ásia tropical têm uma ou outra variedade indiana ou espécie selvagem na sua ascendência. A GEB-24, outra variedade famosa do sul da Índia e conhecida pela sua qualidade de grão, faz parte da ascendência de 31 variedades desenvolvidas e lançadas pelo IRRI. Outras variedades indianas, como a PTB 18, a PTB 21 e a CO-18, conhecidas por possuírem fontes de resistência à cigarrinha-das-gramíneas, à cigarrinha-das-pastagens, à galha e ao vírus do tungro do arroz, são ancestrais de 20 a 25 variedades lançadas pelo IRRI. Um acesso indiano da espécie selvagem, *O. nivara* (a única fonte de resistência ao grassy stunt virus), está presente na ascendência de diversas variedades melhoradas. Assim, a coleção de germoplasma de arroz proveniente de centros primários e secundários de diversidade - nomeadamente: colinas do nordeste (coleção ARC), região de Koraput em Orissa, região de Raipur em Chattisgarh e região peninsular da Índia - continua a fornecer genes úteis para o melhoramento do arroz.

A análise dos dadores utilizados no desenvolvimento das variedades de elevado rendimento permite obter uma indicação da diversidade genética. Através de um projeto *indica/japonica* patrocinado pela FAO, lançado na década de 1950, as variedades ADT-27 e Mahsuri tornaram-se populares na Índia. Subsequentemente, as variedades *japónicas* tropicais de Taiwan, como a Taichung 65, a Taichung Native-1 e a Tainan-3, provaram ser bons dadores para o desenvolvimento de genótipos de elevado rendimento e sensíveis aos fertilizantes. O desenvolvimento de variedades de curta duração a partir do mutante anão espontâneo Dee Gee Woo Gen com genes *Sd1* é um marco na história do melhoramento do arroz. Utilizando largamente IR 8, TN-1 e Jaya como dadores de estatura anã e elevado potencial de rendimento, combinados com muitas das variedades locais seleccionadas com características de adaptabilidade e qualidade, foram desenvolvidas e lançadas na Índia diversas variedades. Os progenitores mais frequentemente utilizados no melhoramento por recombinação na Índia são enumerados no Quadro 7.1. O germoplasma de elite do IRRI também tem sido amplamente utilizado como dador nos programas de melhoramento indianos.

Tabela 7.1. Pais doadores e número de variedades derivadas para diferentes caracteres desejáveis

S. No.	Donor parent	No. derived varieties	Attributes
1.	IR 8	58	Photoperiod-insensitive, semi-dwarf plant stature, high yield potential, medium maturity duration, MR to BL and GLH
2.	IR 8	21	Photoperiod-insensitive, semi-dwarf plant stature, high yield potential; MR to BL and GLH
3.	TN (1)	24	First semi-dwarf and photoperiod-insensitive variety
4.	TN (1)	16	First semi-dwarf and photoperiod-insensitive variety
5.	Pankaj	24	Late duration, suited for rainfed lowlands, MR to BL, RTV
6.	N 22	7	Drought tolerant
7.	Jaya	14	Photoperiod-insensitive, semi-dwarf plant stature, high yield potential, medium maturity duration
8.	Jaya	6	Photoperiod-insensitive, semi-dwarf plant stature, high yield potential
9.	IR 36	15	Early to mid-early, suitable for intercropping, R to GM
10.		7	Early to mid-early, suitable for intercropping, R to GM
11.	Basmati 370	10	Aromatic, export quality
12.	TKM 6	10	R to SB
13.	Mahsuri	8	Indica/japonica derivative, stable, high-yielding, suitable for shallow lowlands and irrigated areas, late duration
14.	Masuri	19	Indica/japonica derivative, stable, high-yielding, suitable for shallow lowlands and irrigated areas, late duration
15.	Sona	8	Fine grain, quality rice, MR to RTV, SB, leafhopper
16.	Sona	8	Fine grain, quality rice
17.	Zinnia 31	7	Quality grain
18.	T 90	6	Quality grain
19.	Jaganath	6	Mutant of T141, photosensitive, lowland variety good for delayed rain
20.	CR 1014	6	Late-maturing, stable widely adaptable, quality rice
21.	IR 50	5	Early duration, high-yield potential, suitable for multiple cropping system
22.	PTB 10	5	Good for soil problems, R to GM
23.	PTB 33	5	R to BPH, WBPH
24.	Vikram	5	R to GM, medium duration
25.	Fine Gora	5	Drought tolerant

26.	Patnai 23	5	High yield potential, lowland variety
27.	ADT 27	4	Suitable for Kuravai, early monsoon, indica/japonica cross
28.	IR 24	4	High yield, early, R to GM, good for saline soils
29.	IR 28	4	Earliness, multiple resistance
30.	IR 28	8	High seasonal stability, grain quality, R to RTV
31.	MO 6	4	BPH resistance
32.	PR 106	4	Medium maturity, high-yield potential, export type non-Basmati rice
33.	Rasi	4	Indica/japonica derivative, stable, high-yielding, suitable for shallow lowlands and irrigated areas, late duration
34.	Rasi	4	Good for irrigated, rainfed uplands; cropping systems because of early maturity
35.	Triveni	4	MR to BL; suitable for direct seeding
36.	W 1263	4	R to GM, SB
37.	W 12708	4	R to GM, SB
38.	Bulk H 9	4	Late, photosensitivity
39.	M 63 - 83	4	Drought tolerant
40.	RP 5-32	4	Late-maturing, high yield potential
41.	Vijaya	4	High seasonal stability, R to leafhopper, tol. to SB

MR: resistência média; **R:** resistente; **BL:**; **GLH:** cigarrinha verde; **RTV:** Vírus do Tungro do Arroz; **GM:** Mosca da galha; **SB: Sarna da bainha**; **BPH: Fungo** castanho da planta; **WBPH:** Fungo branco da planta

7.2. GRAU DE SEMELHANÇA GENÉTICA DAS VARIEDADES CULTIVADAS DE ARROZ

O grau de uniformidade genética do arroz em países asiáticos seleccionados é apresentado no quadro 7.2. A uniformidade genética varia entre 50% e 95%. Isto indica que a maioria das variedades cultivadas foi desenvolvida a partir de um número muito limitado de dadores.

7.3. AMEAÇA PARA AS CULTIVARES LOCAIS DE ARROZ

Um grande número de cultivares locais já foi extinto dos campos dos agricultores e as áreas de cultivo de muitas delas diminuíram substancialmente devido a um grande número de factores. Alguns dos factores são os seguintes

- Ataque de culturas de rendimento (Rana *et al.*, 2013), como diferentes tipos de legumes (cabaça pequena, cabaça de crista, cabaça amarga, cabaça esponjosa, cabaça de garrafa, inhame pé de elefante, brinjal, etc.) durante a época *pré-Kharif*, que é uma das épocas de arroz (*Aus*) em Bengala Ocidental, para o cultivo de cultivares locais. Por exemplo, Bitti, uma variedade dos agricultores, está a ser cultivada numa área limitada. No passado recente, era uma cultivar popular nos distritos de Japaiguri e North Dinajpur, em Bengala Ocidental (Índia), durante a época *Aus*.

Tabela 7.2. Grau de similaridade genética em variedades cultivadas em países asiáticos seleccionados

Country	Extent of uniformity
Tropical Asia	95% of HYV based on a single dwarfing gene Sd1
China	95% of the hybrids based on single source CMS (WA)
Bangladesh	62% descended from common stock
Indonesia	74% descended from common stock and > 50% of rice area under three varieties
Sri Lanka	75% descended from common stock
Myanmar	> 75% rice area under three varieties
Malaysia	> 75 area under one variety (MR 84)
Japan	> 70% area under three varieties
Taiwan	81% descended from common stock and 82% rice area under three varieties
Thailand	50% area under two varieties

- Inclusão de jardins de chá em zonas tradicionalmente não cultivadas com chá, como Japaiguri, Dinajpur do Norte e, em certa medida, no distrito de Cooch Behar, em Bengala Ocidental.
- O cultivo extensivo e intensivo de variedades modernas de arroz de alto rendimento é outra causa importante da extinção e/ou redução da área de cultivo de cultivares locais. A maior parte das cultivares locais são muito pouco produtivas e são muito sensíveis ao fotoperíodo.
- O arroz Basmati tem dominado os mercados nacional e internacional devido ao seu aroma e às características do seu grão longo e delgado. Para além do Basmati, são cultivadas tradicionalmente muitas variedades autóctones locais que se destacam pelo aroma, qualidade do grão (Roy e Basu, 2013) e qualidade culinária. No entanto, a sua aceitação diminuiu consideravelmente devido às suas características de grão curto e arrojado a médio e arrojado.
- As actividades de desenvolvimento maciço que provocam alterações climáticas alteraram a composição das espécies (Rana *et al.*, 2013).

REFERÊNCIAS

Ahmadikhah A, Arkhy A, Ghafari H. 2010. Desenvolvimento de um marcador codominante de amplificação específica de alelos (ASA) para a genotipagem de fragrâncias de cultivares de arroz. Arquivos de Investigação Científica Aplicada. 2(1); 204-211.

Ahn SN, Bollich CN, Tanksley SD. 1992. Marcação RFLP de um gene para aroma em arroz. TheorAppl Genet. 84;825-828.

Ahuja U, SC Ahuja, N Chaudhary, R Thakrar. 2007. Red rices - past, present and future (Arroz vermelho - passado, presente e futuro). Asian Agri-History. 11; 291-304.

Akbar A, Arshed K, Liaquat A, Shahid AS, Abdul M. 1993. Efeito da data de transplantação na qualidade do grão em variedades/estirpes de grão fino. Pakistan J Sci. 45; 64-69.

Ali SS, Jafri SJH, Khan MG, Butt MA. 1993. Estudos de hereditariedade para o aroma em duas variedades aromáticas do Paquistão. IRRN 18; 6.

Allidawati e B. Kustianto. 1989. Metode uji mutu beras dalam program pemuliaan padi. hlm. *Dalam* M Ismunadji, M Syam, dan Yuswadi (Ed.). Padi Buku 2. Pusat Penelitian dan Pengembangan Tanaman Pangan, Bogor, Indonésia. pp. 363-375.

Anggraini T, Novelina, U Limber, R Amelia. 2015. Atividades antioxidantes de algumas cultivares de arroz vermelho, preto e branco de West Sumatra, Indonésia. Paquistão J Nutri. 14(2); 112-117.

Anónimo. 2015. (http;//agro.biodiver.se/2012/02/rice-morphological-diversity-1-bloggers-/?utm_source= feedburner&utm_medium=email&utm_campaign= Feed%3A+AgriculturalBiodiversityWeblog+%28Agricultural+Biodiversity+Weblog%29).

Anónimo. 2000. High Yielding Rice Varieties of India (Variedades de arroz de alto rendimento da Índia). Direção de Investigação do Arroz, ICAR (ICAR-Indian Institute of Rice Research), Hyderabad, Índia.

Anónimo. 2004. Laboratory Manual on Rice Grain Quality Procedure. Direção de Investigação do Arroz, Rajendranagar, Hyderabad, Índia. pp. 1-20.

Anónimo. 2017. ICAR-Instituto Indiano de Pesquisa do Arroz, 2016, Relatório de Progresso 2015, Vil. 1, Varietal Improvement, All India Coordinated Rice Improvement Project, ICAR-Indian Institute of Rice Research, Rajendranagar, Hyderabad 500 003, Telangana State, India, p. 1.180.

Anónimo. 2017. ICAR-Instituto Indiano de Pesquisa do Arroz, 2016, Relatório de Progresso 2015, Vil. 1, Varietal Improvement, All India Coordinated Rice Improvement Project, ICAR-Indian Institute of Rice Research, Rajendranagar,

Hyderabad 500 003, Telangana State, India, p. 1.180.

Arai E, Itani T. 2000. Efeitos da colheita precoce de grãos nas características gustativas do arroz cozido. Food Sci Technol Res. 6; 252-256.

Arunachalam G. 1984. Nel Sakupattiku Elia Vilakkam (Tamil), IRRN-TNAU, Publicação.pp. 221.

Arvisenet G, Le Bail P, Voilley A, Cayot N. 2002. Influência das interacções físico-químicas entre a amilose e os compostos aromáticos na retenção do aroma em matrizes alimentares. J Agrie Food Chem. 50; 7088-7093.

Machado. 2015. O Arroz Proibido; Nutrição e Benefícios do Arroz Preto. http;//draxe.com/ forbiddenrice/7/24/2015.

Barrett SCH. 1985. Trimorfismo e monomorfismo floral em populações continentais e insulares *de Eichhorniapaniculata*. Biological J Linnean Society. 25; 41-60.

BasnetDB. 2003. Etnobotânica. 15; 64-66.

Bergman CJ, Delgado JT, Bryant R, Grimm C, Cadwallader, Webb BD. 2000. Técnica rápida de cromatografia gasosa para quantificação de 2-acetil-l-pirrolina e hexanal em arroz (*Oryza sativa* L.). Cereal Chem. 77; 454-458.

Berner DK, Hoff BJ. 1986. Herança do cheiro no arroz americano de grão longo. Crop Sci. 26; 876-878.

Bett KL, Boylston TD. 1992. Effect of storage on roasted peanut quality (Efeito do armazenamento na qualidade do amendoim torrado). *In*; Lipid Oxidation in Foods, St. Angel AJ (ed.). ACS; Washington, DC. pp. 322-343.

Bett-Garber KL, Champagne ET, Ingram D.A, McClung AM. 2007. Influência do rácio água/arroz no sabor e textura do arroz cozido. Cereal Chem. 84; 614-619.

Blum A, Mayer J, Gozlan G. 1983a. Dessecação química de plantas de trigo como simulador de stress pós-antese II. Relações com o stress da seca. Field Crops Res. 6; 149-155.

Blum A, Poyarkova H, Golan G, Mayer J. 1983b. Dessecação química de plantas de trigo como simulador de stress pós-antese. I. Efeitos sobre a translocação e o crescimento do grão. Field Crops Res. 6; 51-58.

Borbora, TK Hazarika GN. 1998. Estudo da variabilidade genética, da hereditariedade e do avanço genético para caracteres de panícula em arroz. Oryza. 35(1); 19-21.

Boutboul A, Giampaoli P, Feigenbaum A, Ducruet V. 2002. Influência da natureza e do tratamento do amido na retenção do aroma. Carbohydr Polym. 47; 73-82.

Bradbury LMT, Fitzgerald TL, Henry RJ, Jin Q, Waters DLE. 2005b. O gene da fragrância no arroz. Plant Biotechnol J. 3; 363-370.

Bradbury LMT, Henry RJ, Qingsheng J, Reinke RF, Waters DLE. 2005a. Um marcador perfeito para a genotipagem de arroz com fragrância. Mol Breeding. 16; 279-283.

Buttery R, Turnbaugh J, Ling L. 1988. Contribuições dos voláteis para o aroma do arroz. J Agrie Food Chem. 36; 1006-1009.

Buttery RG, Ling LC, Juliano BO, Turnbaugh J. 1983. Aroma de arroz cozido e 2-acetil-1-pirrolina. J Agril Food Chemistry. 31; 823-826.

Buttery RG, Ling LC, Mon TR. 1986. Análise quantitativa de 2-acetil-l-pirrolina em arroz. J. Agrie Food Chem. 34; 112-1 14.

Caius JF. 1986. The medicinal and poisonous plants of India (Reprint). Pbl. Scientific Publishers, Jodhpur, Índia.

Caius JF. 1999. The medicinal and poisonous plants of India (Reprint), Pbl. Scientific Publishers, Jodhpur, Índia.

Caius JF. 1999. The medicinal and poisonous plants of India (Reprint). Pbl. Scientific Publishers, Jodhpur, Índia.

Castillo NE, Theethira TG, Leffler DA. 2015. O presente e o futuro no diagnóstico e tratamento da doença celíaca. Gastroenterol Rep (Oxf). 3(1);3- 11.

Chakrabarty SK, Joshi MA, Singh Y, Maity A, Vashisht V, Dadlani M. 2012. Caracterização e avaliação da variabilidade nas variedades de arroz dos agricultores de Bengala Ocidental. Indian J. Genet. Plant Breed. 72(2); 136-142.

Chakravorty A, Ghosh PD. 2011. Uma análise dos parâmetros genéticos de diferentes variedades autóctones de arroz de Bengala Ocidental. J Crop Weed. 7(2); 59-63.

Chakravorty A, Ghosh PD. 2012. Caracterização de variedades autóctones de arroz de acordo com as directrizes DUS. Res Plant Biol. 2(6): 30-40.

Chakravorty A, Ghosh PD. 2013. Caracterização de raças terrestres de arroz do leste da Índia. Indian J Plant Genet Resour. 26(1): 62-67.

Chalker-Scott L. 1999. Environmental significance of anthocyanins in plant stress responses. Photochem Photobiol. 70: 1-9.

Champagne ET, Bett KL, Vinyard BT, Webb BD, McClung AM, Barton II FE, Lyon BG, Moldenhauer K, Linscombe S, Kohywey D. 1997. Efeitos das condições de secagem, teor de humidade final e grau de moagem no sabor do arroz. Cereal Chem. 74: 566-570.

Champagne ET, Bett-Garber KL, Grimm CC, McClung AM. 2007. Efeitos da gestão da fertilidade orgânica nas propriedades físico-químicas e na qualidade sensorial de diversas cultivares de arroz. Cereal Chem. 84: 320-327.

Champagne ET, Bett-Garber KL, McClung AM, Bergman C. 2004a. Características sensoriais de diversas cultivares de arroz influenciadas por factores genéticos e ambientais. Cereal Chem. 81: 237-243.

Champagne ET, Bett-Garber KL, Thompson J, Mutters R, Grimm CC, McClung AM. 2005. Effects of drain and harvest dates on rice sensory and physicochemical properties (Efeitos das datas de drenagem e colheita nas propriedades sensoriais e físico-químicas do arroz). Cereal Chem. 82: 369-374.

Champagne ET, Thompson JF, Bett-Garber KL, Mutters R, Miller JA, Tan E. 2004b. Impacto do armazenamento de arroz paddy recém-colhido no sabor do arroz branco branqueado. Cereal Chem. 81: 444-449.

Chang TT, Bardenas EA, Del Rosario AC. 1965. The morphology and varietal characteristics of the rice plant. Instituto Internacional de Investigação do Arroz, Los Banos, Laguna, Filipinas, Manila.

Chaudhari BB, Dhulappanavar CV. 1956. Melhoramento do arroz na região "Malnad" de Bombaim-Karnataka. Farmer. maio de 1956. pp. 1-8.

Chaudhary RC, Tran DV. 2001. Specialty rices of the world - a prologue. Specialty Rices of the World: Breeding, Production, and Marketing, Chaudhary RC e Tran DV (Ed.). FAO, Roma, Itália; e Oxford & IBH Publishing Co. Pvt. Ltd., Nova Deli, Índia. pp. 3-14.

Chaudhary RC. 2003. Speciality rices of the world: effect of WTO and IPR units production trend and marketing. J Food Agric Environ. 1: 34-41.

Chavan VM, Chaudhari BB, Dhulappanavar CV, Kagisali. 1956. 44-1 - Uma estirpe de qualidade para o "Malnad" de Bombaim Karnataka. Agricultural College Magazine, Dharwar. pp. 1-4.

Chavan VM, Chaudhari BB, Dhulappanavar CV. 1957. Duas estirpes de arroz para o "Malnad" de Bombaim Karnataka. Agricultural College Magazine, Dharwar. pp. 15-19.

Chen PN, Chu SC, Chiou HL, Chiang CL, Yang SF, *et al.* 2005. Cyanidin 3-glucoside and peonidin 3-glucoside inhibit tumor cell growth and induce apoptosis in vitro and suppress tumor growth in vivo. Nutrition and Cancer. 53; 232-243.

Chen SH, Wu J, Yang Y, Shi WW, Xu ML. 2006. O gene *fgr* responsável pela fragrância do arroz foi restringido em 69 kb. Plant Sci. 171; 505-514.

Chin H, Yong-pei Wu, Ai-ling Hour, Chwan-yang Hong, Yann-rong Lin. 2016. Análise genética e evolutiva da bainha da folha roxa no arroz. Arroz. 9;8, DOI 10.1186/s12284-016-0080-y

Crowhurst DG, Creed PG. 2001. Efeito do método de cozedura e da variedade na qualidade sensorial do arroz. Food Serv Technol. 1; 133-140.

Cruz RT, O'Toole JC. 1984. Resposta do arroz de sequeiro a um gradiente de irrigação na fase de floração. Agron. J. 76; 178-183.

Dafni A, Manes MM. 1998. Um procedimento rápido e simples para determinar a recetividade do estigma. SexPlant Reprod. 11; 177-180.

Dafni A. 1992. Pollination ecology; a practical approach. Oriole Press at Oxford University Press, Oxford.

Das BD, Sengupta S, Ghosh M, Ghose TK. 2012. Avaliação da diversidade entre um conjunto de genótipos de arroz aromático da Índia. Int J Biod Cons. 4(5); 206-218.

Das GK, Oudhia P. 2000. O arroz como planta medicinal em Chhattisgarh. Boletim informativo do NBPGR, Índia. pp. 122; 46.

Das GK, Oudhia P. 2001. O arroz como planta medicinal em Chhattisgarh (Índia); um inquérito. Agric Sci Digest. 21(3); 204 -205.

Debbarma S, Roy B. 2017. Diversidade genética das variedades de arroz dos agricultores (*Oryza sativa* L.) com orientação especial para as características de alojamento. J Rice Rese. 5; 181. doi;10.4172/2375-4338.1000181.

Dudash MR. 1991. Efeitos do tamanho da planta na função feminina e masculina em *Sabatica angularis* hermafrodita (Gentianaceae). Ecology. 72: 1004-1012.

Dutta-Deka S, Bhaswati Sarmah, Sangeeta Sharma. 2014. Conservação e Utilização de Variedades Indígenas de Arroz para uma Segurança Sustentável dos Meios de Subsistência. Interl J Environl Res Development. 4(4): 291-296.

Elisia I, Hu C, Popovich DG. 2007. Avaliação antioxidante de um extrato de amora enriquecido com antocianina. FoodChem. 101: 1052-1058.

Elisia I, Kitts DD. 2008. As antocianinas inibem a apoptose induzida pelo radical peroxil em células Caco-2. Mol Cellular Biochem. 312: 139-45.

FAO. 2001. Contribuição nutricional do arroz e impacto da biotecnologia e da biodiversidade nos países consumidores de arroz. Descarregado de http://www.fao.org/ docrep/006/Y4751E/y4751e05.htm..

Fitzgerald MA, Hamilton NRS, Calingacion MN, Verhoeven HA, Butardo VM. 2008. Existe um segundo gene de fragrância no arroz? Plant Biotechnol J. 6: 416-423.

Fukai S, Cooper M. 1995. Desenvolvimento de cultivares resistentes à seca utilizando características fisio-morfológicas no arroz. Field Crop Res. 4:, 67-86.

Fukai Y, Tukada K. 2006. Influência da pré-lavagem na qualidade do arroz cozinhado mantido a uma temperatura constante. 1. Influência das condições de cozedura na qualidade do arroz cozido. Nippon Shokuhin Kagaku Kogaku Kaishi. 53: 587-591.

Fukui T, Nikuni Z. 1959. Alterações no teor de açúcar durante a germinação de sementes de arroz. Aplicação da cromatografia de resina de troca iónica. Nippon Nogel KagakuKaishi. 33: 72-78.

Fushimi T, Itani T, Kohyama N, Sekiya K. 1996. Variação da concentração de 2acetil-1-pirrolina do arroz aromático (cv. Hieri) cultivado na área de Kubokawa na Prefeitura de Kochi. In: Crop Research in Asia, 1996: Achievements and Perspective. Proc 2nd Asia Crop Sci Conf, Ishii R, Horie T (eds.). Fukui: Japão. pp. 738-739

Galen C, Zimmer KA, Newport ME. 1987. Polinização e morfos de perfume floral de *Polemonium viscosum*: um mecanismo para a seleção disruptiva do tamanho da flor. Evolution. 41: 599-606.

Gangopadhyay G, Bandyopadhyay T, Modak BK, Wongpornchai S, Mukherjee KK. 2004. Micropropagação de pandan indiano (*Pandanus amaryllifolius* Roxb.), uma fonte rica de 2-acetil-1-pirrolina. Curr Sci. 87(11): 1589- 1592.

Ghosh GK, Garg HO, Tripathi BO, Singh M, Sharma RR. 1989. Classification of rice varieties in Indian (Classificação das variedades de arroz na Índia). Department of Food, Ministy of Food and Civil Supplies.

Gilbert T, Salimath SS. 1916. Cultivation of drilled paddy in South Bombay Province, Agriculture Department Bulletin No. 82.

Goodwin Jr, HL, Koop LA, Rister ME, Miller RK, Maca JV, Chambers E, Hollingsworth M, Bett K, Webb BD, McClung AM. 1996. Developing a common language for the U.S. rice industry; Linkages among breeders, producers, processors and consumers. TAMRC Consumer Product Market Research CP2-96. Texas A&M; College Station, TX.

Govindaswami S. 1985. Tecnologia pós-colheita, I características de qualidade do arroz. In; Rice research in India council of Agricultural Research, New Delhi. pp. 627-642.

Grimm CC, Bergman CJ, Delgado JT, Bryant R. 2001. Rastreio da 2-acetil-l-pirrolina no headspace do arroz utilizando SPME/GC/MS. J Agrie Food Chem. 49; 245-249.

Grimm CC, Champagne ET, Ohtsubo K. 2002. Análise de compostos voláteis no headspace do arroz usando SPME/GC/MS. In; Análise de Sabores, Fragrâncias e Odores. R. Marsili, (ed.), Marcel Dekker; Nova Iorque. pp. 229-248.

Grosch W. 1987. Reacções de hidroperóxidos - Produtos de baixo peso molecular. *In*;

Autoxidation of Unsaturated Lipids. 1ª ed., Chan HWS (ed.). Academic Press; Londres. pp. 95-140.

Gujral N, Freeman HJ, Thomson AB. 2012. Doença celíaca; prevalência, diagnóstico, patogénese e tratamento. WorldJ Gastroenterol. 18(42); 6036-6059.

Han SW, Chee KM, Cho SJ. 2015. Qualidade nutricional da proteína do farelo de arroz em comparação com a proteína animal e vegetal. Food Chem. 172; 766-769.

Hanamaratti NG, Prashanthi SK, Salimath PM, Hanchinal RR, Mohankumar HD, Parameshwarappa KG, Raikar SD. 2008. Tradicional land races of rice in Karnataka; Reservoirs of valuable traits. Current Sci. 94(2); 242-247.

Hasib KM. 2005. Variabilidade genética, inter-relações e análise de caminhos para caracteres de panícula em arroz perfumado. Crop Research Hisar. 30(1); 37-39.

Heslop-Harrison J, Heslop-Harrison Y, Shivanna K. 1984. The evaluation of pollen quality, and a further appraisal of the fluorochromatic (FCR) test procedure. TheorAppl Genet. 67; 367-375.

Hirano K, Okuno A, Hobo T, Ordonio R, Shinozaki Y, Asano K, Kitano H, Matsuoka M. 2014. Utilização da caraterística de caule rígido do mutante *smosl* de arroz para aumentar a resistência ao alojamento. PLOS ONE 9(7): e96009. doi:10.1371/journal.pone.0096009

Hitaka H. 1969. Estudos sobre o acamamento de plantas de arroz. Jpn Agric Res Quart. 4(3): 1-6.

Hofmann T, Schieberle P. 1998. Identificação dos principais compostos aromáticos gerados a partir de cisteína e hidratos de carbono em condições de torrefação. Z Lebensm Unters Forsch A. 207: 229-236.

Hore DK, Sharma BD. 1993. Wild rice genetic resources of North-east India (Recursos genéticos do arroz selvagem do Nordeste da Índia). Indian J Plant Genet Resour. 6: 27-32.

Hore DK. 2005. Rice diversity collection, conservation and management in Northeastern India (Coleção, conservação e gestão da diversidade do arroz no Nordeste da Índia). Genet Resour Crop Evol. 52: 1129-1140.

Hou Z, Qing P, Ren G. 2010. Efeito do extrato rico em antocianina do arroz preto (*Oryza sativa* L. *Japonica*) nos danos hepáticos cronicamente induzidos pelo álcool em ratos. JAgricul Food Chem. 58: 3191-3196.

Hussain A, Mujtaba-Naqvi SH, Hammerschmidt FJ. 1987. O isolamento e identificação de componentes voláteis do arroz basmati (*Oryza sativa* L.). Ciência e Tecnologia do Sabor: Proc. 5th Weurman Flavour Res Symp. Wiley: Nova Iorque.

IRRI. 1971. Relatório Anual para 1970. Instituto Internacional de Investigação do Arroz, Los Banos, Laguna, Filipinas. pp. 265.

IRRI. 2013. Sistema de avaliação padrão (SES) para arroz (*Oryza sativa* L.). 5th Edn. IRRI, Manila, Filipinas. pp. 36.

Islam MS, Peng S, Visperas RM, Ereful N, Bhuiya MSU, Julfiquar AW. 2007. Traços morfológicos de arroz híbrido relacionados com o acamamento num ecossistema tropical irrigado. Field Crops Res 101: 240-248.

Itani T, Fushimi T. 1996. Influência das condições de pré e pós-colheita na concentração de 2-acetil-l-pirrolina no arroz aromático. Crop Research in Asia: Achievements and Perspective. ACSA: 728-729.

Itani T, Tamaki M, Hayata Y, Fushimi T, Hashizume K. 2004. Variação da concentração de 2-acetil-l-pirrolina em grãos de arroz aromático colhidos na mesma região do Japão e factores que afectam a sua concentração. Plant Prod Sci. 7: 178-183.

Ithal N, Reddy AR. 2004. Os genes da via dos flavonóides do arroz, OsDfr e OsAns, são induzidos pela desidratação, sal elevado e ABA, e contêm elementos promotores sensíveis ao stress que interagem com o ativador da transcrição, OsCl-MYB. PlantSci. 166:1503-1513.

Jakobs S, Fridrich D, Hofem S, Pahlke G, Eisenbrand G. 2006. Os flavonóides naturais são inibidores potentes da glicogénio fosforilase. Mol Nutri Food Res. 50: 52-57.

Jarvis DI, Brown AHD, Coung PH, Collado-Panduro L, Lataurnerie-Moreno L, Gyawali S, Tanto T, Swadogo M, Mar I, Sadiki M, Hue NN, Aris-Reyes L, Balma D, Bajracharya J, Castillo F, Rijal D, Belqadi L, Rana R, Saidi S, Ouedraogo J, Zangre R, Rhrib K, Chavez JL, Schoen D, Sthapit B, Santis PD, Fadda C, Hodgkin T. 2008. A global perspective of the richness and evenness of traditional crop-variety diversity maintained by farming communities. ProceedNationAcadSci. 105: 5326-5331.

Jayaraman. 2015. http://www.deccanchronicle.com/150508/nation-current-affairs/article/153-%E2%80%98lost%E2%80%99-varieties-rice-being-revived-tamil-nadu).

Jezussek M, Juliano BO, Schieberle P. 2002. Comparação dos principais compostos aromáticos em variedades de arroz integral cozido com base em análises de diluição do extrato de aroma. J Agrie FoodChem. 50: 1101-1105.

Jin QS, Waters D, Cordeiro GM, Henry RJ, Reinke RF. 2003. Um marcador de polimorfismo de nucleótido único (SNP) ligado ao gene da fragrância no arroz (*Oryza saliva* L.). Plant Sci. 165: 359-364.

Johnson HW, Robinson HF, Comstock RE. 1955. Estimativa da variabilidade genética e da variabilidade de ambientes na soja. Agron J. 47: 314-318.

Joshi A, Agrawal RC, Chawla HS. 2011. Assessment of distinctiveness, uniformity and stability of indigenous aromatic rice (*Oryza saliva* L.) varieties based on morphological descriptors. Indian J Agril Sci. 81(7): 595-601.

Jouquand C, Ducruet V, Le Bail P. 2006. Formação de complexos de amilose com compostos de aroma C6 em dispersões de amido e o seu impacto na retenção. Food Chem. 96: 461-470.

Juliano BO, Onate LU, del Mundo AM. 1965. Relação da composição do amido, teor de proteína e temperatura de gelatinização com as qualidades culinárias e alimentares do arroz moído. FoodTechnol. 19: 10061011.

Juliano BO. 1985. Química e tecnologia do arroz. Associação Americana de Químicos de Cereais, EUA. p. 757.

Juliano BO. 2003. Química e qualidade do arroz. Munoz, Nueva Ecija (Filipinas): Instituto de Pesquisa de Arroz das Filipinas. NFA (Administração Nacional de Alimentos). 2002 (Administração Nacional de Alimentos). 2002. Analytical methodology and survey results for acrylamide in foods. p. 480.

Karad SR, Pol KM. 2008. Associação de caracteres, variabilidade genética e análise de coefi ciência de caminhos em arroz (*Oryza sativa* L.). International J. Agril. Sci. 4: 663-666.

Karad SR, Pol KM. 2008. Associação de caracteres, variabilidade genética e análise do coeficiente de caminho em arroz (*Oryza sativa* L.). Inter J Agril Sci. 4(2): 663-666.

Kasai M, Ohishi K, Shimada A, Hatae K. 2001. Propriedades gustativas do arroz cozido com base numa análise dos extractos de arroz cozido. J Cook Jpn. 34: 373-379.

Kashiwagi T, Ishimaru K. 2004. Identificação e análise funcional de um locus para melhorar a resistência ao acamamento no arroz. Plant Physiol. 134: 676-683.

Kashiwagi T, Sasaki H, Ishimaru K. 2005. Factores responsáveis pela diminuição da robustez da parte inferior no acamamento do arroz (*Oryza sativa* L.). Plant Prod Sci. 8(2): 166-172.

Kashiwagi T, Togawa E, Hirotsu N, Ishimaru K. 2008. Melhoria da resistência ao acamamento com QTLs para o diâmetro do caule em arroz (*Oryza sativa* L.). Theor Appl Genet. 117: 749-757.

Kaul ML, Kumar H. 1982. Genetic variability in rice (Variabilidade genética do arroz). Genetica Agararia. 36: 257:260.

Kearns AC, Inouye DW. 1993. Techniques for pollination biologists. University of Colorado Press.

Kearns AC, Inouye DW. 1993. Techniques for pollination biologists. University of Colorado Press.

Kester EB, Lukens HC, Ferrei RE, Mohammad A, Finrock DC. 1963. Influência da maturidade nas propriedades dos arrozes ocidentais. Cereal Chem. 40: 323-336.

Khush GS. 1999. Green Revolution: Preparing for the 21st Century. Genoma. 42: 646-655.

Kibria K, Islam MM, Begum SN. 2008. Seleção de linhas de arroz aromático por marcadores fenotípicos e moleculares. Bangladesh J Bot. 37(2): 141-147.

Kim MK, Kim H, Koh K, Kim HS, Lee YS, *et al.* 2008. Identificação de pigmentos de antocianina no arroz colorido. Nutri Res Practice. 2; 46-49.

Knox RB. 1984. Interação pólen-pistilo. *In*; Cellular Interactions. Encyclopedia of Plant Physiology, vol. 17, Linskens HF, Heslop-Harrison J (eds). Springer, Berlin Heidelberg New York.

Kobata T, Tanaka S, Utumi M, Hara S, Imaki T. 1994. A esterilidade no arroz sujeito a seca durante a fase de arranque não ocorre devido à falta de assimilados ou ao défice de água na zona radicular. Jpn J Crop Sci. 63; 510-517.

Koga Y, Akihama T, Fujimaki H, Yokoo M. 1971. Estudos sobre a longevidade dos grãos de pólen de arroz *Oryza sativa* L. I. Alterações morfológicas dos grãos de pólen após a queda. Cytologia. 36; 104-110.

Kong L, Sun M, Wang F, Liu J, Feng B, Si J, Zhang B, Li S, Li H. 2014. Efeitos do alto NH^{+}_{4} na absorção de K^{+}, força mecânica do caule e enchimento de grãos no trigo. FrontPlant Sci 5;703. doi; 10.3389/fpls.2014.00703.

Kono M. 1995. Aspectos fisiológicos do acamamento. In; Science of the Rice Plant, Volume 2, Physiology, Matsuo T, Kumazawa K, Ishii R, Ishihara K, Hirata H, (ed.). Tóquio; Centro de Investigação sobre Políticas Alimentares e Agrícolas. pp. 971-982.

Kristamtini T, Basunanda P, Murti RH, Supriyanta S, Sutarno W. 2012. Morfologia das relações genéticas entre as variedades de arroz preto de yogyakarta e áreas circundantes. ARPN J Agril Biolol.Sci. 7(12); 982-989.

Kumar Awaneet, Senapati BK. 2013. Parâmetros genéticos e estudos de associação para características quantitativas importantes em linhas avançadas de derivados de Sambamahsuri. J Crop Weed. 9(1);156-163.

Kumar S, Bisht IS, Bhat KV. 2010. Population structure of rice (*Oryza sativa* L.) landraces under farmer management. Ann App Biol. 156; 137-146.

Kumar TT. 1988. History of Rice in India. Gian Publishers, Delhi, Índia.

Kumar V, Rao RR. 2007. Some interesting indigenous beverages among the tribals of India (Algumas bebidas indígenas interessantes entre as tribos da Índia). Indian J Traditional Knowledge. 6(1); 141-143.

Laguerre M, Mestres C, Davrieux F, Ringuet J, Boulanger R. 2007. Discriminação rápida de arroz perfumado por microextracção em fase sólida, espetrometria de massa e análise multivariada utilizada como sensor de massa. J Agrie Food Chem. 55; 1077-1083.

Lam HS, Proctor A. 2003. Voláteis de oxidação do arroz branqueado e desenvolvimento de odores. J Food Sci. 68: 2676-2681.

Laza MRC, Peng S, Sanico AL, Visperas RM, Akita S. 2001. A maior taxa de crescimento da área foliar contribui para um maior crescimento vegetativo de híbridos de arroz F_1 nos trópicos. Plant Prod Sci. 4(3): 184-188.

Lestari AP, Abdullah B, Junaedi A, Aswidinnor H. 2011. Desempenho da qualidade do grão e aroma de novas linhas promissoras de arroz aromático de tipo vegetal. Indonesian J Agri Sci. 12(2): 84-93.

Lin C, Hsieh T, Hoff B. 1990. Identificação e quantificação do aroma tipo "pipoca" no arroz Delia Aromático da Louisiana (*Oryza saliva* L.). J Food Sci. 55: 1466-1467.

Lorieux M, Petrov M, Huang N, Guiderdoni E, Ghesquiere A. 1996. Aroma no arroz: análise genética de uma caraterística quantitativa. TheorAppl Genet. 93: 1145-1151.

Lundin KE, Sollid LM. 2014. Avanços na doença celíaca. Curr Opin Gastroenterol.2014 Mar;30(2):154-62. doi: 10.1097/ M0G.0000000000000041.

Ma QH, Xu Y, Lin ZB, He P. 2002. Clonagem do cDNA que codifica *a COMT* do trigo e que é diferencialmente expresso em cultivares sensíveis e resistentes ao acamamento. J ExpBot. 53: 2281-2282.

Mahatheeranont S, Keawsaard S, Dumri K. 2001. Quantificação do composto aromático do arroz, 2-acetil-l-pirrolina, no arroz integral não cozinhado Khao Dawk Mali 105. J Agrie Food Chem. 49: 773-779.

Majumdar GP, Banerji SC. Krsi-Parasara. 1960. The Asiatic Society, West Bengal, Calcutá, Índia.

Mandal AB, Majumder ND, Bikash Chowdhury, Bidhan Roy, Elanchezhian R. 2004. Genetic Improvement of Rice Varieties in Andaman and Nicobar Islands (Melhoramento genético de variedades de arroz nas ilhas Andaman e Nicobar). *In*: Genetic Improvement of Rice Varieties of India, Sharma SD, Prasad Rao U (eds.), Today & Tomorrow Printers and Publisher (Índia). pp. 1161-1184.

Mandal D, Ghosh M, Mazumdar D, Biswas A. 2013. Levantamento de base para o status da produção de arroz Tulaipanji no distrito de Uttar Dinajpur de Bengala Ocidental, Índia. J. Crop Weed. 9(1): 148-150.

Marathe CL, Bhaskar VV. 2011. Triagem de cultivares tradicionais de arroz cultivadas por tribos do distrito de thane em Maharashtra. Intr J Plants Animals Environl Sci. 1(2): 220-224.

Marzempi, Sastrodipuro D, Edi S. 1990. Efeito da época de colheita na qualidade de arrefecimento e de consumo do arroz. Pemberitaan Penelitian Sukarami. 17: 19-22.

Meilgaard M, Civille GV, Carr BT. 2007. Sensory Evaluation Techniques (Técnicas de Avaliação Sensorial). CRC Press: Boca Raton, FL.

Meullenet JF, Marks BP, Griffin K, Daniels MJ. 1999. Effects of rough rice drying and storage conditions on sensory profiles of cooked rice. Cereal Chem. 76: 438-486.

Meullenet JF, Marks BP, Hankins JA, Griffin VK, Daniels MJ. 2000. Sensory quality of cooked long-grain rice as affected by rough rice moisture content, storage temperature, and storage duration. Cereal Chem. 77: 259-263.

Mohanti RB, Panda T, Tripathi BK. 2012. As variedades de arroz medicinal da Índia precisam de atenção urgente. Curr Sci. 102(4): 25.

Monsoor MA, Proctor A. 2002. Efeito da lavagem com água na redução dos lípidos totais superficiais e dos AGL no arroz branqueado. J AOCS. 79: 867-870.

Morishima H, Hinata K, Oka HI. 1963. Comparação dos modos de evolução de formas cultivadas de duas espécies de arroz selvagem, *Oryza breviligulata* e *O. perennis*. 17: 170-181.

Moritaka S, Yasumatsu K. 1972. Estudos sobre cereais. X. O efeito dos grupos sulfidrilo na deterioração do arroz branqueado durante o armazenamento. Jpn Soc Food Nutr. 25: 59-62.

Motten AE. 1982. Autogamia e competição por polinizadores em *Hepaticaamericana* (Ranunculaceae). Am J Bot. 69: 1296-1305.

Mulder E. 1954. Efeito da nutrição mineral no acamamento dos cereais. Plant Soil 5: 246306.

Mulugeta Seyoum, Sentayehu Alamerew, Kassahun B. 2012. Variabilidade genética, hereditariedade, coeficiente de correlação e análise de caminho para rendimento e características relacionadas ao rendimento em arroz de terras altas (*Oryza sativa* L.). J. Plant Sci.7: 13-22.

Mulugeta Seyoum, Sentayehu Alamerew, Kassahun B. 2012. Variabilidade genética, hereditariedade, coeficiente de correlação e análise de caminho para rendimento e características relacionadas ao rendimento em arroz de terras altas (*Oryza sativa* L.). J Plant Sci. 7: 13-22.

Nadhem ON, Azeez G, Smalligan RD, Urban S. 2015. Revisão e diretrizes práticas para a doença celíaca em 2014. Postgrad Med. 127(3): 259-265.

Nagsuk A, Winichphol N, Rungsardthong V. 2003. *In*: A 2ª Conferência Internacional sobre Cogumelos Medicinais e a Conferência Internacional sobre Biodiversidade e Compostos Bioactivos, 17-19 de julho de 2003, PEACH, Pattaya, Tailândia. pp. 395-400.

Nobler A, Ebler S. 2002. Utilização da estatística multivariada na compreensão do sabor do vinho. FoodRevlnt. 18: 1-21.

Oka HI, Morishima H. 1967. Variação nos sistemas de reprodução do arroz selvagem, *Oryza perennis*. Evolution. 21: 249-258.

Oka HI. 1988. Origin of cultivated rice. Japan Sci Soc Press, Tóquio. pp. 245.

Oki T, Masuda M, Nagai S, Nishiba Y, Sugawara T. 2005. Atividade de eliminação de radicais do arroz preto e vermelho. Actas da conferência mundial de investigação sobre o arroz, Tóquio e Tsukuba, Japão. pp. 256-259.

Ookawa T, Ishihara K. 1992. Diferenças varietais das características físicas do colmo relacionadas com o acamamento do arroz em casca. Jpn J Crop Sci. 61: 419-425.

Oudhia P. 1999. Ervas daninhas medicinais em campos de arroz de Chattisgarh (Índia). International Rice ResearchNotes. 24(1): 40.

Oudhia P. 2000. Conhecimentos medicinais tradicionais sobre o fungo de folha verde, Nephotettix spp. em Chhattisgarh (Índia). International Rice Research Notes. 25(3):40.

Oudhia P. 2006. Ignored Medicinal Rice in Chhattisgarh needing immediate attention. http://www.Ecoport.org.

Oudhia P. 2008. One Day in Chhura forest region, Chhattisgarh, India rich in floral and faunal diversity. Parte I: Medicinal Rice and Traditional Medicinal Knowledge about it. http://www.Ecoport.org.

Panse VG. 1957. Genética dos caracteres quantitativos em relação ao melhoramento vegetal.
IndianJ. Genet. 17: 318-328.

Parikh M, Motiramani NK, Rastogi NK, Sharma B. 2012. Caracterização agro-morfológica e avaliação da variabilidade no germoplasma de arroz aromático. Bangladesh J. Agri. Res. 37(1): 1-8.

Park JK, Kim SS, Kim KO. 2001. Effect of milling ratio on sensory properties of cooked rice and on physicochemical properties of milled and cooked rice. CerealChem. 78: 151-156.

Park YS, Kim SJ, Chang HI. 2008. Isolamento de antocianina do arroz preto (*Heugjinjubyeo*) e análise das suas actividades antioxidantes. Kor J Microbiol Biotechnol. 36(1): 55-60.

Paul P, Awasthi A, Kumar S, Verma SK, Prasad R, Dhaliwal HS. 2012. Desenvolvimento de embriões múltiplos no mutante de inserção poliembriónica OsPE do arroz. Plant Cell Rep. 31: 1779-87.

Petrov M, Danzart M, Giampaoli P, Faure J, Richard H. 1996. Análise do aroma do arroz: Discriminação entre um arroz perfumado e um arroz não perfumado. Sci AHm. 16: 347360.

Pham QD, Akira A, Hirano M, Sagawa S, Kuroda E. 2004. Análise das características de resistência ao acamamento de diferentes genótipos de arroz cultivados sob o tratamento basal padrão e sem azoto acompanhado de práticas de densidade de plantação esparsa. Plant Prod Sci. 7: 243-251.

Piggott JR., Morrison WR, Clyne J. 1991. Alterações nos lípidos e nos atributos sensoriais durante o armazenamento de arroz moído em diferentes graus. Int J Food Sci Technol. 26: 615628.

Pinson SRM. 1994. Herança do aroma em seis cultivares de arroz. Crop Sci. 34: 11511157.

PPV & FRA. 2007. Directrizes para a realização de testes de DUS em arroz (*Oryza sativa* L.). Autoridade para a Proteção das Variedades Vegetais e dos Direitos dos Agricultores (PPV & FRA), Governo da Índia, Nova Deli.

Lei PPV&FR. 2001. Lei sobre a Proteção das Variedades Vegetais e dos Direitos dos Agricultores, 2001. Universal Law Publishing Co. Pvt. Ltd., C-FF-A, Dilkhush Industrial Estate, Delhi 110 033.

Price M, Md. Jalaluddin, Dilday RH. 1990. Seleção de genótipos de arroz (*Oryza sativa* L.) para tolerância à seca em condições de campo. Proceedings Arkansas Academy Sci. 44: 91-93.

Raghuram Reddy R, Sathyanarayanaiah K. 1980. Herança do aroma no arroz. Indian J Genet Plant Breed. 40; 327-329.

Rajkumara S. 2008. Lodging in Cereals - A Review. Agric Rev 29(1); 55-60.

Ramalimgam J, Nadarajan N, Tangasamy P, Vannirajan C. 1994. Variabilidade genética para caracteres de panícula em arroz. Oryza. 31(1); 56-57.

Rana JC, Datta M, Rathi RS. 2013. Recursos fitogenéticos da região dos Himalaias - uma visão geral. Indian J Genet. 72(2); 115- 129.

Rana, J. C., Negi, K. S., Wani, S. A., Saxena, S., Pradheep, K., Kak, A. e Pareek, S. K. 2008. Recursos genéticos do arroz na região ocidental dos Himalaias da Índia - situação atual. Genet. *Resour. Crop. Evol.* 65; 963-973.

Razali I, Norhaya H, Norasimah AS. 1997. Determinação de antioxidantes em produtos de óleo de palma por HPLC. Elaeis. 9; 25-31.

Razali I, Norhaya H, Norasimah AS. 1997. Determinação de antioxidantes em produtos de óleo de palma por HPLC. Elaeis. 9; 25-31.

Reddy VS, Dash S, Reddy AR. 1995. Anthocyanin pathway in rice (*Oryza sativa* L.); identification of a mutant showing dominant inhibition of anthocaynins in leaf and accumulation of proanthocaynidins in pericarp. Theor Appl Genet. 91; 301-312.

Reddy VS, Dash S, Reddy AR. 1995. Anthocyanin pathway in rice (*Oryza sativa* L.); identification of a mutant showing dominant inhibition of anthocaynins in leaf and accumulation of proanthocaynidins in pericarp. Theor Appl Genet. 91; 301-312.

Reddy VS, Goud KV, Sharma R, Reddy AR. 1994. A produção de antocianina sensível ao ultravioleta B numa cultivar de arroz está associada a uma fase específica da biossíntese da fenilalanina amónia liase. Plant Physiol. 105; 1059-1066.

Reddy JN, De RN, Surya Rao AV. 1997a. Correlação e análise de caminhos em arroz de terras baixas sob profundidades de água intermédias (0-50cm). Oryza. 34(3); 187-190.

Reddy JN, Pani D, Roy JK. 1997b. Variabilidade e associação de caracteres em arroz de terras baixas. Indian Agric. 41(3); 159-165.

Regan KL, Whan BR, Turner NC. 1993. Avaliação do dessecante químico como técnica de seleção para resistência à seca num programa de melhoramento de trigo de terras secas. Aust J Agric Res. 44;1683-1691.

Reineccius G. 2006. Flavor Chemistry and Technology. Taylor & Francis: Boca Raton, FL.

Romanczyk JRLJ, McClelland CA, Post LS, Aitken WM. 1995. Formação de 2-acetil-l-pirrolina por várias estirpes de Bacillus cereus isoladas de caixas de fermentação de cacau. J Agrc Food Chem. 43(2): 469-475.

Roy B, Dinesh Tulsiram Surje, Shudhansu Mahato. 2013. Biodiversidade das variedades de arroz dos agricultores (*Oryza saliva* L.) No repositório de Uttar Banga Krishi Viswavidyalaya: Um reservatório de caracteres importantes. *O Ecoscan.* 4: 145-151.

Roy B, Dinesh Tulsiram Surje. 2016. Algumas características especiais das variedades de arroz dos agricultores (*Oryza saliva* L.) para testar a distinção. *Jornal Indiano de Recursos Genéticos Vegetais*. 29(2): 163-169.

Roy B, Mandal AB. 2005. Cultura de anteras em arroz *Indica* e variação dos principais caracteres agronómicos em androclones de Karnal local. African J Biotechnol. 4(3): 235-240.

Roy A, Kar MK. 1992. Estudos de heretibilidade e correlação em arroz de terras altas. Oryza. 29: 195-199.

Roy B, Hossain M, Hossain F. 2001. Variabilidade genética nos componentes de rendimento do arroz *Oryza saliva*. EnvironmentandEcology. 19(1): 186-189.

Roy B. 2013. Diversidade genética das variedades aromáticas de arroz dos agricultores (*oryza saliva* L.) de bengala ocidental e algumas linhas avançadas derivadas de Kalobhog. Indian J Plant Genetic Resour. 26(3): 215-219.

Roy B, Basu AK. 2013. Arroz aromático. Biotecnologia da reprodução e produção de sementes de culturas arvenses, Roy, B., Basu, A. K., Mandal, A. B. (eds.). New India Publishing Agency, Nova Deli, pp. 122-154.

Roy JK, De RN, Ghorai DP, Panda A. 1985. Recolha e avaliação dos recursos genéticos do arroz na Índia. Phy. Tobreedon. 1: 1-9.

Rubio-Tapia A, Hill ID, Kelly CP, Calderwood AH, Murray JA. 2013. Diretrizes clínicas do ACG: diagnóstico e tratamento da doença celíaca. Am J Gastroenterol. 108(5): 656-676.

Rubio-Tapia A, Ludvigsson JF, Brantner TL, Murray JA, Everhart JE. 2012. A prevalência da doença celíaca nos Estados Unidos. Am J Gastroenterol. 107(10): 1538-1544.

Ryu SN, Park SZ, Ho CT. 1998. Determinação por cromatografia líquida de alta eficiência de pigmentos de antocianina em algumas variedades de arroz preto. J Food Drug Analysis. 6; 729-736.

Sahu GR, Rao RK, Tiwari JK, AK Sarawgi. 2014. Padrão de agrupamento de alguns acessos de arroz indígena (*Oryza saliva* L.) de Chattisgarh. Indian J. Plant Genet. Resour. 27; 225-229.

Saikusa T, Horino T, Mori Y. 1994. Distribuição de aminoácidos livres no grão de arroz e nas fracções do grão e o efeito da imersão em água na distribuição. J Agrie FoodChem. 42; 1122-1125.

Sakamoto W, Ohmori T, Kageyama K, Miyazaki C, Saito A, Murata M, Noda K, Maekawa M. 2001. O locus da folha púrpura (Pl) do arroz; o alelo *Pl(w)* tem uma organização complexa e inclui dois genes que codificam proteínas básicas de hélice-loop-hélice envolvidas na biossíntese de antocianina. Plant Cell Physiol. 42; 982-91.

Sapone A, Bai JC, Ciacci C, Dolinsek J, Green PH, Hadjivassiliou M, Kaukinen K, Rostami K, Sanders DS, Schumann M, Ullrich R, Villalta D, Volta U, Catassi C, Fasano A. 2012. Espectro de distúrbios relacionados ao glúten; consenso sobre nova nomenclatura e classificação. BMC Med. 7; 10-13.

Sarawgi AK, Soni DK. 1994. Análise da variabilidade do arroz em situações de regadio e de sequeiro. Curr Res University Agril Sci (Bangalore). 23(3/4);33-35.

Sarkar KK, Bhutia KS, Senapati BK, Roy SK, Panda S, Mandal AB. 2005. Variabilidade genética e relações entre o rendimento do grão e as características que o compõem no arroz (*Oryza saliva* L.). Environ Ecol. 23(5); 702-706.

Sarma RN, Roy D. 1993. Estudos sobre a variabilidade e a relação interna dos atributos de rendimento do arroz *Jhum*. Ann Agril Res. 14; 311-316.

Sawant DS, Patil SL. 1995. Genetic variability in rice (Variabilidade genética do arroz). Ann Agril Res. 16(1); 59-61.

Saxena RK, Chang TT, Sapra RL, Paroda RS. 1988. *Estudos de avaliação do germoplasma de arroz indígena (Oryza sativa L.) no IRRI.* Filipinas, Gabinete Nacional de Recursos Genéticos Vegetais. Manual de formação. pp. 1-3.

Schieberle P. 1991. Odorantes primários em pipocas. J Agric Food Chem. 39(6); 11411144.

Seitz LM, Wright RL, Waniska RD, Rooney LW. 1993. Contribuição da 2-acetil-1-pirrolina para os odores do milheto molhado. J Agric Food Chem. 41(6); 955-958.

Semwal DP, Pandey A, Bhandari DC, Dhariwal OP, Sharma SK. 2014. Estudo de variabilidade na morfologia das sementes e utilização de variedades autóctones de arroz (*Oryza saliva* L.) recolhidas em Bengala Ocidental, Índia. Australian J Crop Sci. 8(3): 460-467.

Setter TL, Laureles EV, Mazaredo AM. 1997. O acamamento reduz o rendimento do arroz por auto-sombreamento e redução da fotossíntese do dossel. Field Crops Res. 49: 95-106.

Shakeelur Rahman, MP Sharma, Suman Sahai. 2006. Nutritional and medicinal values of some indigenous rice varieties (Valores nutricionais e medicinais de algumas variedades de arroz indígenas). Indian J Traditional Knowledge. 5(4): 454458.

Sharma BD, Hore DK. 1990. Coleção de germoplasma de arroz no estado de Tripura. Indian J Plant Genet Resour. 3: 71-74.

Shen MQ, Zhao ZS, Chang J, Jiao Kun HX, Wang ZH. 1994. Análise dos componentes medicinais do arroz preto shangnog. J Shanghai Agril Collage. 12: 137-139.

Shih PH, Yeh CT e GC Yen. 2007. As antocianinas induzem a ativação de enzimas de fase II através da via do elemento de resposta antioxidante contra a apoptose induzida pelo stress oxidativo. J Agri Food Chem. 55: 9427-9435.

Shipp J, Abdel-Aal ES. 2010. Aplicações alimentares e efeitos fisiológicos das antocianinas como ingredientes alimentares funcionais. Open Food Science J.4: 7-22.

Shivana KR, Rangaswamy NS. 1992. Pollen biology: a laboratory manual. Springer, Berlim.

Siddiq EA, Shobha Rani N. 1998. Protecting biodive-rsity and utilizing in rice products, Fourth International Food Conservation Conference, Mysore, India.

Siddiq EA. 1983. Reprodução para melhoria da qualidade do arroz - estado atual e estratégia para o futuro. *In*: Rice in West Bengal, Vol. IV, Mukherji (ed.), Directorate of Agriculture, Govt. of West Bengal, Culcutta. pp. 73-95.

Siddiq EA. 2002. The Hindu Survey of Indian Agriculture. pp. 47-52.

Singh VJ, Gampala S, Singh AK, Chakraborti SK. 2015. Caracterização DUS de mega variedades de arroz e landraces da Índia. Annals Plant Soil Res. 17(2): 156159.

Sood BC, Siddiq EA. 1978. Uma técnica rápida para a determinação do cheiro no arroz. Indian J Genet Plant Breed. 38: 268-271.

Sriseadka T, Wongpomchai S, Kitsawatpaiboon P. 2006. Método rápido para análise quantitativa do composto de impacto aromático, 2-acetil-l -pirrolina, em arroz perfumado utilizando cromatografia gasosa automatizada de headspace. J Agrie Food Chem. 54; 8183-8189.

Stanley RG, Linskens HF. 1974. Pollen; Biology, Biochemistry, Management. Berli; Nova Iorque; Springer-Verlag.

Steffen A, Pawliszyn J. 1996. Análise de voláteis de sabor utilizando microextracção em fase sólida de espaço livre. J Agrie Food Chem. 44; 21872193.

Stone JL, Thomson JD, Dent-Acosta SJ. 1995. Assessment of pollen viability in handpollination experiments; a review. Am J Bot. 82; 1186-1197.

Subba Rao LV, Shiva Prasad G, Chiranjivi M, Chaitanyam U, Surendhar R. 2013. Caracterização DUS para variedades de arroz do agricultor. IOSR J Agric Veter Sci. 8(1); 35-43.

Subudhi HN, Samantaray S, Swain D, Singh ON. 2012. Recolha e caraterização agromorfológica de arroz aromático de grão curto no leste da Índia. African J Agril

Res. 7(36); 5060-5068.

Sullivan JR. 1984. Biologia da polinização de *Physalis viscosa* var. *cinerascens* (Solanaceae). Am J Bot. 71; 815-820.

Sultan SM, Subba Rao LV. 2013. Recolha de germoplasma dos últimos remanescentes da diversidade genética de variedades de arroz em áreas de elevada altitude dos Himalaias de Caxemira, Interl J Conservation Sci. 4; 467-476.

Sunthonvit N, Srzednicki GS, Craske J. 2005. Efeitos da secagem a alta temperatura sobre os componentes do sabor do arroz aromático tailandês. Drying Technol. 23; 1407-1418.

Suprasanna, P, Ganapathi TR, Ramaswamy NK, Surendranathan KK, Rao PS. 1998. Síntese de aromas em culturas de células e calos de arroz. Rice Genet. Newsl. 15; 123125.

Suprasarma P, Bharati G, Ganaphthi TR, Bapat VA. 2002. Aroma no arroz; efeitos da suplementação com prolina e imobilização de culturas de calos. Rice Genet Newsl. 19; 9-11.

Suresh R, Anbuselvam Y. 2005. Estudos de variabilidade para o rendimento e os seus traços componentes no arroz (*Oryza sativa* L.). Res Crops. **6**; 293-294.

Surje Dinesh Tulsiram. 2016. Quantidades e caraterização qualitativa de algumas variedades de arroz dos agricultores (*Oryza saliva* L.). Tese de doutoramento apresentada ao Departamento de Genética e Melhoramento de Plantas, Uttar Banga Krishi Viswavidyalaya, Pundibari, Cooch Behar 736165, Bengala Ocidental (Índia).

Surje DT e Bidhan Roy. 2017. Agrupamento de variedades de arroz dos agricultores (*Oryza saliva* L.) coletadas em Bengala Ocidental e estados adjacentes. Indian J Plant Genet Resources. (no prelo).

Sutharut J, Sudarat J. 2012. Conteúdo total de antocianina e atividade antioxidante do arroz colorido germinado. Interl Food Res. J. 19(1); 215-221.

Suzuki M, Kimura T, Yamagishi K, Shinmoto H, Yamaki K. 2004. Comparação dos teores de minerais em 8 cultivares de arroz integral pigmentado. Nippon Shokuhin Kagaku Kogaku Kaishi. 51; 424-27.

Tajima M, Horino T, Maeda M, Rok Son J. 1992. Maltooligossacáridos extraídos da camada exterior do grão de arroz. Nippon Shokuhin Kogyo Gakkaishi. 39; 857861.

Takashi I, Bing X, Yoichi Y, Masaharu N, Tetsuya K. 2001. Atividade antioxidante do extrato de antocianina do arroz preto roxo. J Med Food. 4:211-18.

Takashi I, Bing X, Yoichi Y, Masaharu N. Tetsuya K. 2001. Atividade antioxidante do extrato de antocianina do arroz preto roxo. J Med Food. 4; 211-218.

Talukdar PR, Sharma A, Rathi S, Sarma S. 2012. Diversidade genética do arroz da comunidade Singpho de Assam. Indian J Plant Genet. Resour. 25(3); 274-280.

Tamaki M, Ebata M, Tashiro T, Ishikawa M. 1989. Estudos físico-ecológicos sobre a formação da qualidade do grão de arroz. II. Efeitos do estádio de maturação e de algumas condições de maturação sobre os aminoácidos livres no grão de arroz moído e no exterior do arroz cozido. Jpn J Crop Sci. 58; 695703.

Tanchotikul U, Hsieh TCY. 1991. Um método melhorado para a quantificação de 2-acetil- l-pirrolina, um aroma tipo "pipocas", em arroz aromático por cromatografia gasosa de alta resolução/espetrometria de massa/monitorização de iões seleccionados. J Agrie Food Chem. 39; 944- 947.

Tava A, Bocchi S. 1999. Aroma do arroz cozido (*Oryza saliva*); Comparação entre o Basmati comercial e a linha italiana B5-3. Cereal Chem. 76; 526-529.

Taylor NG, Scheible WR, Cutler S, Somerville CR, Turner SR. 1999. O locus *irregular xylem3* de Arabidopsis codifica uma celulose sintase necessária para a síntese da parede celular secundária. Plant Cell 11; 769-780.

Tirkey A, Sarawgi AK, Subbarao LV. 2013. Estudos sobre Diversidade Genética em Caracteres Qualitativos e Quantitativos em Germoplasma de Arroz. Indian J Plant GenetResour. 26(2); 132-137.

Tran TU, Suzuki K, Okadome H, Ikezaki H, Homma S, Ohtsubo K. 2005. Deteção de alterações no sabor do arroz integral e branqueado (*Oryza sativa* L.) japonica e indica durante o armazenamento utilizando análises físico-químicas e um sistema de deteção de sabor. J AgrieFoodChem. 53; 1108-1118.

Tripathi AK, Sinha SK, Bhandarkar S. 1999. Estudos sobre variabilidade, hereditariedade e avanço genético do arroz de águas semi-profundas Adv Plant Sci. 12(1); 233-235.

Troochi M, Shashidhar HE, Hittalmani S, Gireesha TM. 2002. Rice root morphology under contrasting moisture regimes and contribution of molecular marker heterozygosity. Euphytica. 126; 251-257.

Tsuda T, Watanabe M, Ohshima K, Yamamoto A, Kawakishi S. 1998. Componentes antioxidantes isolados das sementes de tamarindo (*Tamarindus Indica L.*). J Agril Food Chem. 42; 2671-2674.

Tsuda T, Watanabe M, Ohshima K, Yamamoto A, Kawakishi S. 1998. Componentes antioxidantes isolados das sementes de tamarindo (*Tamarindus Indica L.*). J Agril Food Chem. 42; 2671-2674.

Tsugita T, Kurata T, Kato H. 1980. Componentes voláteis após a cozedura de arroz moído em diferentes graus. Agrie Biol Chem. 44; 835-840.

Tsuzuki E, Matsuki C, Morinaga K, Shida S. 1978. Características do arroz perfumado 4. Compostos voláteis de enxofre provenientes do arroz cozinhado. Japanese J Crop Sci. 47; 375-380.

Tsuzuki E, Morinaga K, Shida S, Danio T. 1975a. Estudos sobre as características do arroz perfumado. I. Alterações dos componentes da flor durante a cozedura. Bull Fac Agric MiyazakiUniv. 22:171-177.

Tsuzuki E, Morinaga K, Shida S. 1975b. Estudos sobre as características do arroz perfumado. III. Diferenças varietais de alguns compostos carbonílicos desenvolvidos em variedades de arroz aromatizado para cozedura. Bull Fac Agric Miyazaki Univ. 24; 35.

Tsuzuki E, Morinaga K, Shida S. 1977. Estudos sobre as características do arroz perfumado - III, Diferenças varietais de alguns compostos carbonílicos desenvolvidos em variedades perfumadas para culinária. Bula. Faculdade de Agricultura da Universidade de Miyazaki 24; 35-39.

Tsuzuki E, Tanaka K, Shida S, Danio T. 1981. Bull Fac Agric Miyazaki Univ. 28; 3137.

Tyagi PK, Singh DP, Pannu RK. 2000. Effect of postanthesis desiccation on plantwater relation, canopy temperature, photosynthesis and grain yield in wheat genotypes. AnnBiol 16; 111-119.

Departamento de Agricultura dos EUA, Serviço de Investigação Agrícola; Base de dados nacional de nutrientes do USDA para referência padrão 2011. Descarregado de http;// ndb.nal.usda.gov/ndb/foods/list.

UNFAO (Organização das Nações Unidas para a Alimentação e a Agricultura). 2010. Agricultura e Proteção do Consumidor. "Dimensões da Necessidade - Produtos Básicos; O que é que as pessoas comem?". Recuperado em 2010-10-15

Vanavichit A, Tragoonrong S, Toojinda T, Wanchana S, Kamolsukyunyong W. 2006. Patente dos EUA 0168679A1.

Vanavichit A, Tragoonrong S, Toojinda T, Wanchana S, Kamolsukyunyong W. 2008. Patente dos EUA 7,319,181 B2 (2008).

Vanavichit A. 2007. Diversidade molecular e evolução dos arrozes aromáticos na Tailândia. *In*; Workshop Internacional de Formação sobre a Conservação e Utilização de Recursos Genéticos Vegetais Tropicais/Subtropicais, Centro de Ciência e Descoberta de Genes de Arroz, Universidade de Kasetsat, Kamphang Saen Tailândia. pp. 131-134.

Vir OM, Singh BB, Tomar BS. 2005. Specialty rice for therapeutic purposes, good health and processed food products. Actas do Simpósio Nacional sobre Investigação do Arroz Basmati; Tendências Actuais e Perspectivas Futuras, 6-7 de setembro de 2005. Universidade SVBP de Agricultura e Tecnologia, Meerut, Uttar Pradesh, Índia. pp. 65-72.

Virmani SS, Edwards JB. 1983. Current status and future prospects for breeding hybrid rice andwheat. Adv Agron. 36; 145-214.

Wang LS, Stoner GD. 2008. Anthocyanins and their roles in cancer prevention. Cancer Letters. 269; 281-290.

Widjaja R, Craske JD, Wootton M. 1996. Changes in volatile components of paddy, brown, and white fragrant rice during storage. J Sci Food Agrie. 71; 218-224.

Wilhelm EP, Boulton MI, Barber TES, Greenland AJ, Powell W. 2013. Análise genotípica da linhagem ancestral de trigo semi-anão Rht-B1b e Rht-D1b. Plant Breed 132; 539-545.

Willis JH. 1999. O papel dos genes de grande efeito na depressão endogâmica em *Mimulus guttatus*. Evolution. 53; 1678-1691.

Wolf M. 2015. Benefícios para a saúde do arroz preto. Demand Media, Jillian Michaels 25/07/2015.

Wongpornchai S, Dumri K, Jongkaewwattana S, Siri B. 2004. Efeitos dos métodos de secagem e do tempo de armazenamento no aroma e na qualidade de moagem do arroz (*Oryza sativa* L.) cv. Khao Dawk Mali 105. Food Chem. 87; 407-414.

Wongpornchai S, Sriseadka T, Choonvisase S. 2003. Identificação e quantificação do composto de aroma de arroz, 2-acetil-1-pirrolina, em flores de pão (*Vallaris glabra* Ktze). J Agric Food Chem. 51(2); 457-462.

Xu Z. 2010. Whole Grain Council, Black Rice Rivals Blueberries as antioxidant source, Louisiana State University Agricultural Center Study. Apresentação na Reunião Nacional da Sociedade Americana de Química, Boston MA. [9] Manach C, Scalbert A, Morand C, Remesy C, Jimenez L. 2004. Polifenóis; fontes alimentares e biodisponibilidade. Am J Clin Nutr. 79(5); 727-4.

Yadav RK. 1992. Variabilidade genética, estudos de correlação e sua implicação na seleção de genótipos de alto rendimento de arroz. Advances in Plant Sci. 5 (edição especial); 306-312.

Yajima I, Yanai T, Nakamura M, Sakakibara H, Hayaski K, 1979. Componentes voláteis do sabor do arroz perfumado Kaorimai cozinhado. Agric Biol Chem. 43; 24252430.

Yamamatsu K, Moritaka S, Wada S. 1966. Sabor a ranço do arroz armazenado. Agrie Biol Chem. 30; 483-486.

Yang DS, Lee K, Jeong O, Kim K, Kays SJ. 2008. Caracterização de compostos aromáticos voláteis em arroz preto cozinhado. J Agric Food Chem. 56; 235-40.

Yang SM, Xie L, Zheng SL, Li J, Yuan JC. 2009. Efeitos da taxa de N e da densidade de transplante nas características físicas e químicas e na resistência ao acamamento de caules em arroz híbrido. Ata Agron Sin 35; 93-103.

Yang X, Peppard T. 1994. Microextracção em fase sólida para análise de aromas. J Agrie FoodChem. 42; 1925-1930.

Yang X, Peppard T. 1994. Microextracção em fase sólida para análise de aromas. J Agrie FoodChem. 42; 1925-1930.

Yano M, Shimosaka E, Saito A, Nakagahra M. 1992. Análise de ligação de um gene para o cheiro na variedade de arroz indica, Surjamkhi, utilizando marcadores de polimorfismo de comprimento de fragmentos de restrição. Jpn J Breed. 41 [Suppl 1]; 338-339.

Yasumatsu K, Moritaka S, Wada S. 1966. Estudos sobre cereais. V. Sabor a ranço do arroz armazenado. Agrie Biol Chem. 30; 483- 486.

Yasumatsu K, Moritaka S. 1964. Composição de ácidos gordos dos lípidos do arroz e suas alterações durante o armazenamento. Agril Biol Chem. 28; 257.

Yau NJN, Huang JJ. 1996. Análise sensorial do arroz cozinhado. Food Qual Pref. 7; 263270.

Yau NJN, Liu TT. 1999. Análise instrumental e sensorial do aroma volátil do arroz cozido. J Sens Stud. 14; 209- 233.

Yawadio R, Tanimori S, Morita N. 2007. Identificação de compostos fenólicos isolados de arroz pigmentado e das suas actividades inibidoras da aldose redutase. FoodChem. 101; 1616-1625.

Yoshihashi T, Huong NTT, Surojanametakul V, Tungtrakul P, Varanyanond W. 2005. Efeito das condições de armazenamento no teor de 2-acetil-lpirrolina na variedade de arroz aromático. Khao Dawk Mali 105. J Food Sci. 70; S34-S37.

Yoshihashi T. 2002. Análise quantitativa da 2-Acetil-1-pirrolina de um arroz aromático pelo método de diluição de isótopos estáveis e estudos de modelos sobre a sua formação durante a cozedura Food Sci. 67(2); 619-622.

Zeisler M. 1933. Uber die Abgrenzung des eigentlichen Narbenflache mit Hilfe von Reaktionen. Beitr Bot Zentl A. 58; 308-318.

Zhang MW, Guo BJ, Chi JW, Wei ZC, Zhang Y. 2005. Antioxidante e sua correlação com o conteúdo total de flavonóides e antocianinas em variedades indiferentes de arroz preto, scientiaAgricultural. Sinica38; 1324-1331.

Zheng Z, Zhang H. 2007. Extração direta de voláteis do arroz durante a cozedura utilizando SPME. Cereal Chem. 84; 423-427.

Zhu G, Li G, Wang D, Yuan S, Wang F. 2016. Alterações nos traços relacionados com o acamamento, juntamente com o melhoramento genético do arroz na China. PLoS ONE 11(7); e0160104. doi;10.1371/journal.pone.0160104.

GLOSSÁRIO

Adaptabilidade: A adaptabilidade é a capacidade de fazer face a perturbações inesperadas (bióticas e/ou abióticas) no ambiente.

Agricultura: A agricultura é o cultivo e a criação de animais, plantas e fungos para a produção de alimentos, fibras, biocombustíveis, plantas medicinais e outros produtos utilizados para sustentar e melhorar a vida humana. Numa definição simples, a agricultura é a ciência e a arte do cultivo e da criação de animais, plantas e fungos para benefício dos seres humanos.

Variação alélica: **A variação alélica** num locus é mensurável como o número de alelos (polimorfismo) presentes, ou a proporção de heterozigotos na população. Um alelo nulo é uma variante genética que não tem a função normal do gene porque não é expressa ou a proteína expressa é inativa.

Aman: A amaneira (semeada e transplantada) é geralmente cultivada de maio a julho e colhida de outubro a dezembro. Entre estas culturas, a Aman transplantada é a mais importante.

Amilopectina: É um polissacárido solúvel em água e um polímero altamente ramificado de glucose presente nas plantas. É um dos dois componentes do amido, sendo o outro a amilose. As unidades de glucose estão ligadas de forma linear com ligações glicosídicas a(1>4).

Amilose: É um polímero helicoidal constituído por unidades de a-D-glucose, ligadas entre si através de ligações glicosídicas a(1>4). Este polissacárido é um dos dois componentes do amido, constituindo aproximadamente 20-30% da estrutura. O outro componente é a amilopectina, que constitui 70-80% da estrutura.

A amilose é solúvel em água, o que contribui para a propriedade gelatinosa do amido. Por outras palavras, como a amilose gosta de se misturar com a água, pode ajudar a transformar uma substância, como o amido de milho, num espessante.

Antioxidante: Um antioxidante é uma molécula que inibe a oxidação de outras moléculas. A oxidação é uma reação química que pode produzir radicais livres, levando a reacções em cadeia que podem danificar as células. Os antioxidantes, como os tióis ou o ácido ascórbico (vitamina C), terminam estas reacções em cadeia. O termo "antioxidante" é utilizado principalmente para dois grupos diferentes de substâncias: produtos químicos industriais que são adicionados aos produtos para evitar a oxidação e produtos químicos naturais que se encontram nos alimentos e nos tecidos do corpo e que se diz terem efeitos benéficos para a saúde.

Aus: Geralmente, a estação Aus ou Autum ou pré-Kharif dura de março a maio. As variedades cultivadas durante esta estação são maioritariamente de curta duração, variando entre 90 e 110 dias.

Toldo: Em botânica, um **awn** é um apêndice semelhante a um pelo ou a uma cerda numa estrutura maior. Os toldos são característicos de várias famílias de plantas, incluindo Geraniaceae e muitas gramíneas (Poaceae). Nas gramíneas, os toldos estendem-se normalmente a partir dos limbos dos floretes. Este facto faz com que o aspeto peludo da erva seja frequentemente sinflorescente. Os toldos podem ser longos (vários centímetros) ou curtos, rectos ou curvos, simples ou múltiplos por florete. Alguns géneros recebem o nome dos seus toldos, como os três toldos (*Aristida*).

Ayurveda**:** A Ayurveda é um sistema de medicina com raízes históricas no subcontinente indiano. As práticas globalizadas e modernizadas derivadas das tradições da Ayurveda são um tipo de medicina complementar ou alternativa. Em países fora da Índia, as terapias e práticas da Ayurveda foram integradas em aplicações de bem-estar geral e, nalguns casos, em uso médico. O processo de prática da medicina Ayurveda é designado por ***Ayurveda***.

Cultivares de Basmati: Trata-se de uma variedade de arroz aromático de grão longo e fino, tradicionalmente proveniente do subcontinente indiano (Índia e Paquistão). O arroz Basmati é originário de **Vasumati**, que significa terra reconhecida pela sua fragrância. A exposição completa da palavra vem do hindi. **Bas é** originário de **Prakrit Vas**, que tem uma raiz sânscrita - **Vasay** significa aroma; e **mati** de may up significa enraizado desde a origem. O uso comum mudou **Vas** para **Bas**, juntando bas e mayup, este último mudou para mati. Foi assim que surgiu a palavra Basmati. De acordo com a **Ayurveda**, o Basmati, o rei de todas as variedades de arroz, é **saatvic** ou puro, é nutritivo para os tecidos do corpo e é fácil de digerir.

Boro: O arroz boro é vulgarmente conhecido como arroz de inverno. O termo boro é originário do Bengali e deriva da palavra sânscrita "Boro", que se refere ao cultivo de novembro a maio em regime de regadio.

Hidrato de carbono: Um **hidrato de carbono** é uma molécula biológica constituída por átomos de carbono (C), hidrogénio (H) e oxigénio (O), geralmente com uma relação átomo de hidrogénio-oxigénio de 2:1 (como na água); por outras palavras, com a fórmula empírica $C_m (H_2 O)_n$ (onde m pode ser diferente de n).

Os hidratos de carbono desempenham inúmeras funções nos organismos vivos. Os polissacáridos servem para o armazenamento de energia (por exemplo, amido e glicogénio) e como componentes estruturais (por exemplo, celulose nas plantas e quitina nos artrópodes). O monossacárido de 5 carbonos ribose é um componente importante das coenzimas (por exemplo, ATP, FAD e NAD) e a espinha dorsal da molécula genética conhecida como ARN. A desoxirribose relacionada é um componente do ADN. Os sacarídeos e os seus derivados incluem muitas outras biomoléculas importantes que desempenham papéis fundamentais no sistema imunitário, na fertilização, na prevenção da patogénese, na coagulação do sangue e no desenvolvimento

Chakhao: Em Manipur, existe um conjunto diversificado de arroz aromático adaptado às condições locais, de cor variável entre o branco, o vermelho e o roxo, todos eles de natureza muito glutinosa. São vulgarmente conhecidos por Chakhao. O significado literal de Chakhao na língua Manipuri é arroz delicioso (Chak significa arroz e ahoaba significa delicioso).

Arroz estaladiço: O arroz tufado pode ser criado aquecendo os grãos condicionados a vapor com óleo ou num forno. O arroz tufado desta forma é estaladiço e é conhecido como "arroz estaladiço".

Cultivar: O termo ***cultivar*** refere-se mais frequentemente a um conjunto de plantas seleccionadas por características desejáveis que são mantidas durante a propagação e às quais é dado um nome numa língua moderna. A maioria das cultivares surgiu em cultivo, mas algumas são selecções especiais da natureza.

Carácter distintivo: A nova variedade deve ser claramente distinguível, pelo menos por uma caraterística essencial, de qualquer outra variedade cuja existência seja do conhecimento geral em qualquer país aquando do preenchimento do pedido. Isto significa que a nova variedade candidata a proteção deve ser distinta de todas as outras variedades conhecidas, incluindo as variedades autóctones e tradicionais, bem como as variedades comercializadas ou protegidas.

Para estabelecer o carácter distintivo de *uma* variedade, é necessário que esta seja suficientemente uniforme nas suas características pertinentes para permitir a elaboração de uma descrição da variedade que a distinga de outras variedades da mesma espécie.

Domesticação: Numa linguagem simples, a domesticação é um processo que consiste em cultivar espécies selvagens. A domesticação é uma relação sustentada de várias gerações em que um grupo de organismos assume um grau significativo de influência sobre a reprodução e os cuidados de outro grupo para assegurar um fornecimento mais previsível de recursos desse segundo grupo.

Endosperma: É um tecido produzido no interior das sementes da maioria das plantas com flor após a fertilização. Envolve o embrião e fornece a nutrição sob a forma de amido, embora também possa conter óleos e proteínas. Todas as sementes de monocotiledóneas são endospérmicas. Algumas sementes de dicotiledóneas também são endospérmicas, como a rícino, o pinhão-manso, etc.

Conservação ex situ: A conservação ex situ é a preservação de componentes da diversidade biológica fora dos seus habitats naturais. Envolve a conservação de recursos genéticos, bem como de espécies selvagens e cultivadas, e recorre a um conjunto diversificado de técnicas e instalações.

Exploração: É o ato de procurar numa área desconhecida para aprender sobre ela. Implica a descoberta de novas informações. Os seres humanos exploram mesmo quando têm tudo o que precisam no sítio onde se encontram.

Variedade dos agricultores: Por variedade dos agricultores entende-se uma variedade que foi tradicionalmente cultivada e desenvolvida pelos agricultores nos seus campos ou que é um parente selvagem ou uma raça autóctone de uma variedade sobre a qual os agricultores possuem um conhecimento comum.

Gordura: A gordura é um alimento importante para muitas formas de vida, e as gorduras têm funções estruturais e metabólicas. São uma parte necessária da dieta da maioria dos heterótrofos (incluindo os humanos). Alguns ácidos gordos que são libertados pela digestão das gorduras são chamados essenciais porque não podem ser sintetizados no organismo a partir de constituintes mais simples. Existem dois ácidos gordos essenciais na alimentação humana: o ácido alfa-linolénico (um ácido gordo ómega 3) e o ácido linoleico (um ácido gordo ómega 6).

Flocos de arroz: É feito a partir de arroz parboilizado e utilizado em muitas preparações.
O arroz em flocos, vulgarmente conhecido como poha, (também chamado arroz batido) é um arroz indori que é achatado em flocos secos e leves.

Conservação genética: Pode referir-se às sequências conservadas, sequências de ADN ou de proteínas que são conservadas ao longo do tempo evolutivo.

Diversidade genética: A diversidade genética é o número total de características genéticas na composição genética de uma espécie. A diversidade genética é uma forma de as populações se adaptarem a ambientes em mudança.

Deriva genética: É um mecanismo de evolução em que as frequências alélicas de uma população mudam ao longo das gerações devido ao acaso (erro de amostragem). *A deriva genética* ocorre em todas as populações de tamanho não infinito, mas os seus efeitos são mais fortes em populações pequenas.

Erosão genética: A erosão genética refere-se ao processo em que uma espécie vegetal ou animal enfrenta uma diminuição gradual ou drástica ou a perda completa do seu património genético único. Um pool genético é um conjunto completo de alelos únicos que ocorrem no material genético de todos os membros de uma determinada espécie.

Genótipo: A constituição genética de um organismo. O *genótipo* determina as potencialidades e limitações hereditárias de um indivíduo.

Germinação: É o processo pelo qual um organismo cresce a partir de uma semente ou estrutura similar. O exemplo mais comum de germinação é a germinação de uma plântula a partir de uma semente de uma angiosperma ou gimnosperma.

Germoplasma: Os germoplasmas são recursos genéticos vivos, como sementes ou tecidos, que são mantidos para efeitos de reprodução animal e vegetal, preservação e outras utilizações de investigação. Estes recursos podem assumir a forma de colecções de sementes armazenadas em bancos de sementes, árvores que crescem em viveiros, linhas de reprodução animal mantidas em programas de reprodução animal ou bancos de genes, etc. As colecções de germoplasma podem variar entre colecções de espécies selvagens e linhas de reprodução de elite domesticadas que foram submetidas a uma vasta seleção humana. A coleção de germoplasma é importante para a manutenção da diversidade biológica e da segurança alimentar

Glúten: É um nome geral para as proteínas encontradas no trigo, centeio, cevada e triticale. O glúten ajuda os alimentos a manterem a sua forma, actuando como uma cola que mantém os alimentos unidos.

Hibridação: É o processo de cruzamento entre indivíduos de espécies diferentes (hibridação interespecífica) ou indivíduos geneticamente divergentes da mesma espécie (hibridação intraespecífica).

Conservação in situ: A conservação *in situ* é a conservação no local ou a conservação de recursos genéticos em populações naturais de espécies vegetais ou animais, como os recursos genéticos florestais em populações naturais de espécies arbóreas.

Uniformidade: A nova variedade deve ser suficientemente uniforme na aparência das suas características essenciais no ambiente específico da sua adaptação. A **uniformidade** refere-se à expressão fenotípica de todos os indivíduos de uma população que deve ser muito semelhante.

Raça autóctone: Uma raça autóctone é uma variedade local de uma espécie de planta domesticada que se desenvolveu em grande parte adaptada ao ambiente natural e cultural em que vive. É diferente de uma cultivar que foi seletivamente criada para se conformar a um determinado padrão de características.

Traço morfológico: É um ramo da biologia que se ocupa do estudo da forma e da estrutura dos organismos e das suas características estruturais específicas. *Traços morfológicos*: características fenotípicas mensuráveis de organismos individuais

Espécie nativa: Uma espécie que foi observada sob a forma de uma população natural e auto-sustentada em tempos históricos.

Novidade: A novidade, tal como especificado na Lei PPV&FR (2001), no capítulo III, n.o 3a do artigo 15.o , consiste no facto de uma variedade não ter sido explorada comercialmente durante mais de um ano na Índia ou seis anos no caso da vinha e das árvores e quatro anos no caso de outras culturas fora da Índia antes da concessão da proteção do direito de obtentor vegetal (PBR). Além disso, o facto de, na data de apresentação do pedido de registo, o material de propagação ou de colheita dessa variedade se ter tornado do conhecimento geral por outra via que não a acima referida não afecta os critérios de novidade dessa variedade. ***A novidade não é aplicável à variedade existente***. Em conformidade com a alínea j) do artigo 2.o doPPV&FR, 2001, entende-se por "variedade existente" uma variedade disponível na Índia, notificada nos termos da secção 5 da Lei das Sementes de 1966 (54 de 1966) ou uma variedade de agricultores ou uma variedade sobre a qual existe um conhecimento comum ou qualquer outra variedade que seja do domínio público.

Esforço da panícula: É a exserção da panícula acima da bainha da folha bandeira após a antese. A exserção da panícula pode ser classificada como bem exserida, moderadamente bem exserida, apenas exserida, parcialmente exserida ou fechada.

Arroz estufado: É feito de arroz parboilizado e é facilmente digerível. É preparado deitando o arroz na areia aquecida a uma temperatura elevada numa panela de ferro ou de barro. Ao mexer, o arroz começa a estalar e a inchar. Em seguida, o conteúdo da panela é retirado e peneirado para separar o arroz estufado da areia.

Sensibilidade ao fotoperíodo: É a reação fisiológica da planta à duração do dia ou da noite para a iniciação da flor. As plantas que iniciam as flores sob uma duração definida do dia ou da noite são conhecidas como plantas sensíveis ao fotoperíodo.

Viabilidade do pólen: A viabilidade do pólen é geralmente considerada como indicando a capacidade do grão de pólen para desempenhar a sua função de entregar as células espermáticas ao saco embrionário após uma polinização compatível.

PPV&FR: A Lei sobre a Proteção das Variedades Vegetais e os Direitos dos Agricultores de 2001 (Lei PPVFR) é uma lei do Parlamento da Índia que foi promulgada para prever a criação de um sistema eficaz de proteção das variedades vegetais, os direitos dos agricultores e dos obtentores de plantas e para incentivar o desenvolvimento e o cultivo de novas variedades de plantas.

Proteína: As proteínas são biomoléculas de grandes dimensões, ou macromoléculas, constituídas por uma ou mais cadeias longas de resíduos de aminoácidos. As proteínas desempenham uma vasta gama de funções nos organismos, incluindo a catalisação de reacções metabólicas, a replicação do ADN, a resposta a estímulos e o transporte de moléculas de um local para outro.

Arroz tufado: É feito a partir de grãos inteiros e utilizado inteiro para comer. O arroz tufado tradicional, chamado *muri,* é feito aquecendo o arroz num forno cheio de areia.

Traço qualitativo: Um traço qualitativo é expresso qualitativamente, o que significa que o fenótipo se insere em diferentes categorias. Estas categorias não têm necessariamente uma ordem determinada. Estas características são normalmente codificadas por um gene ou, por vezes, por um pequeno número de genes. Estes traços geralmente não se alteram em resposta ao ambiente.

Características quantitativas: Uma caraterística quantitativa apresenta uma variação contínua. Isto deve-se ao facto de a caraterística ser a soma de vários pequenos efeitos causados pelo gene. Os traços quantitativos são mensuráveis. Estas características são normalmente determinadas por um maior número de genes. Estas características podem alterar-se sob a influência do ambiente.

Ratoon: É a capacidade das plantas de arroz de regenerar novos perfilhos após a colheita, pode ser uma forma prática de aumentar a produção de arroz por unidade de área e por unidade de tempo. Uma vez que a duração do arroz em soca é mais curta do que a de uma nova cultura, pode aumentar a produtividade em zonas onde a intensidade da cultura é limitada por instalações de irrigação inadequadas ou por uma segunda cultura onde a época do arroz é inferior a 180 dias.

Amido resistente: O amido resistente é um tipo de amido que não é totalmente decomposto e absorvido, mas sim transformado em ácidos gordos de cadeia curta pelas bactérias intestinais. Isto pode levar a alguns benefícios únicos para a saúde.

Vinagre de arroz: O vinagre de arroz branco é um líquido incolor a amarelo pálido, com um teor de ácido acético superior a

Estabilidade: **Estabilidade: A** condição é que as características essenciais da nova variedade registável permaneçam inalteradas após a propagação repetida ou um ciclo particular de propagação sob o agro-clima especificado é denominado como **estável**. Se as suas características físicas mudarem sempre que for produzida, não terá uma identidade fixa à qual se possa associar um direito legal. Assim, a uniformidade e a estabilidade são os critérios essenciais para identificar o objeto da proteção e para permitir a sua aplicação efectiva.

A fim de conceder e aplicar a proteção das variedades vegetais, a identidade física da variedade deve ser fixada de forma a que o material da variedade possa ser identificado no campo ou na unidade de tratamento de sementes. Assim, uma variedade deve ser distinta das outras variedades conhecidas para poder ser protegida. O estabelecimento da distinção de uma variedade exige que esta seja suficientemente uniforme nas suas características relevantes para permitir a preparação de uma descrição que distinga a variedade de outras variedades da mesma espécie. Parece óbvio que, uma vez estabelecida esta descrição, a variedade deve, aquando da sua reprodução, continuar a apresentar estas características, ou seja, deve ser estável.

Alimentos básicos: Um alimento básico, ou simplesmente um alimento básico, é um alimento que é consumido de forma rotineira e em quantidades tais que constitui uma parte dominante de uma dieta padrão para um determinado povo, fornecendo *uma* grande fração das necessidades energéticas e geralmente formando também uma proporção significativa da ingestão de outros nutrientes.

Recetividade do estigma: A caraterística de um estigma que facilita a germinação e a penetração do pólen após a sua deposição na sua superfície. A posição do estigma é um aspeto fundamental da morfologia da flor que pode influenciar o sucesso da polinização e a produção de sementes.

Variedade: Uma estirpe de cultura libertada para cultivo comercial pelo Comité de Libertação de Variedades é conhecida como variedade.

Viabilidade: A presença de vida na semente da planta é designada por viabilidade.

MIX
Papier aus verantwortungsvollen Quellen
Paper from responsible sources
FSC® C105338

Printed by Books on Demand GmbH, Norderstedt / Germany